에니어그램으로 말해요
우리 아이 속마음

에니어그램으로
말해요
우리 아이 속마음

신유진 지음

한국경제신문i

아이를 있는 그대로 인정해줄 때 아이의 개성은 재능이 되고, 상처는 힘이 된다!

　요즘 사람을 이해하는 도구로 MBTI가 인기가 많다. 나도 MBTI에 관심이 많고 도움도 많이 받고 있다. MBTI는 사람들을 이해하는 흥미로운 도구인 것은 틀림없다. MBTI가 인기가 많은 것은 그만큼 사람들이 나와 주변 사람들을 이해하고 싶어하는 간절한 마음이 반영된 것이라고 생각한다. 그래서 나는 더 자신 있게 말해주고 싶다. 에니어그램을 꼭 알아야 하는 이유는 MBTI에는 없는 에니어그램에서만 알려줄 수 있는 부분이 확실히 있기 때문이라고 말이다.

　에니어그램은 그 사람의 개성을 알려주고 상처를 보여준다. 에니어그램을 알아야 개성을 재능으로 바꿔줄 수 있으며 상처를 힘으로 바꿔줄 수 있다. 어떤 개성들이 어떤 재능으로 이어질 수 있는지 알려준다. 그 사람이 가지고 있는 여린 상처들을 그 사람만의 힘으로 바꾸는 방법을 배울 수 있다.

사람이 태어날 때부터 프로그래밍된 성격, 즉 타고난 성격이 에니어그램이다. 우리 아이들도 제각각 본래의 빛깔을 가지고 있다. 그 빛을 가장 먼저 발견해줄 사람이 부모다. 부모가 아이의 속마음을 이해하고 아이에게 맞는 사랑을 준다면 아이는 더 반짝반짝 빛날 것이다.

사랑받아야 할 내 아이가 빛을 잃고 작은 존재로 살기를 원하는 부모는 아무도 없다. 빛내주고 싶은 마음은 너무 간절하나 방법을 모르는 부모만 있을 뿐이다. 아이의 빛을 알아보고 공감해주면 아이의 개성은 곧 재능이 된다. 아이는 자신이 원하는 나 그대로의 삶을 살게 된다.

에니어그램으로 들여다보면 마음이 작동하는 방식이 객관적으로 보인다. 에니어그램 유형마다 사람의 마음이 건드려지는 부분, 즉 상처가 다 다르다. 마음은 무의식적으로 작용하고 습관적으로 나를 힘들게 한다. 그러나 에니어그램을 알고 나면 의식적으로 마음을 들여다보게 된다. 내 의식에 들킨 마음은 더 이상 힘을 쓰지 못한다. 내 아이가 마음에 무의식적으로 끌려다니는 노예의 삶을 살게 할 수는 없다. 의식적으로 선택하고 행동하는 진정한 주인공의 삶을 살아야 한다. 내 아이를 사랑한다면 우리는 당장 에니어그램을 선택해야 한다.

나는 더 이상 내 아이를 알기 위한 상담이 필요하지 않다. 내 아이는 내가 제일 잘 안다는 확신이 있다. 내 아이가 바라는 것이 무엇인지, 내 아이의 아픔이 어떤 것인지 정확히 알고 있다. 나는 흔들리지 않는 엄마다. 이 책을 통해 모든 부모와 자녀들이 서로를 이해하고 행복한 삶에 더 다가가도록 돕고 싶다.

　나의 메시지가 담긴 책을 세상에 내놓을 수 있도록 이끌어주신 김태광 대표코치님께 정말 감사드린다. 내 지혜와 깨달음을 모두에게 전달할 수 있도록 이끌어주시고 항상 힘을 주셨다. 그리고 무엇보다 내가 책을 쓰도록 모든 경험과 깨달음을 준 내 아들에게 진심으로 고맙다는 말과 무한한 사랑을 전한다. 내 옆에서 자신의 에니어그램을 탐색하고 많은 것을 깨달으며, 가족을 최고로 아는 내 남편에게도 고맙다. 며느리를 그 누구보다 자랑스러워하시고 사랑해주시는 우리 시부모님께, 그리고 나를 사랑으로 훌륭하게 키워주신 우리 엄마, 아빠께도 정말 감사하고 사랑한다고 전하고 싶다.

모든 아이들이
자신이 인생의 주인이 되는 기쁨 가득한 삶을 살 수 있기를
온 마음을 다해 응원합니다.

신유진

목차

3장   에니어그램으로 내 아이 속마음 들여다보기

4장   상처를 힘으로, 개성을 재능으로 이끌어주는 에니어그램 코칭법

5장 지혜로운 부모는 창의적인 환경을 만든다

부록 에니어그램(Enneagram)

내 아이
이대로 키워도
괜찮을까?

요즘 엄마들은
뭐가 그렇게 불안할까?

내 아들이 초등학교 1학년일 때 정말 누가 봐도 모범적인 남자 친구가 있었다. 보통 아들이 있는 엄마들은 점잖은 아들을 둔 엄마를 보면 부럽다고 말한다.

"누구 엄마는 진짜 좋겠어요. 아들이 어쩌면 그렇게 점잖아요? 수업 시간에도 얌전하고 선생님이 예뻐하시겠어요. 진짜 부러워요."

그런데 그 점잖은 남자아이의 엄마가 말했다.

"아이고, 꼭 그렇지도 않아요. 말을 잘 안 해서 속을 잘 모르겠어요."

그 남자아이의 엄마라면 무조건 걱정이 없다고 할 줄 알았는데 그렇지 않았다. 그래도 내 걱정에 비하면 새 발의 피라고 생각했다. 하지만 지금 생각해보면 그 엄마는 걱정의 종류만 달랐을 뿐이지 똑같이 불안한 엄마였다.

세상의 모든 엄마는 다 자기 자식에 대한 고민을 하나쯤은 가지고 있다. 이유도 가지가지다. 외동아이라서, 첫째라서, 그리고 막내라서…. 착

해도 불안하고 반대여도 불안하다. 왕따를 당할까 봐 불안하고 왕따를 시킬까 봐 불안하다.

세상의 모든 엄마는 내 아이가 모자라지 않게 조금씩 두루 다 가진 아이로 자라서 행복했으면 하고 바란다. 외모로 친구들에게 놀림을 받지 않았으면 하고, 공부를 따라가지 못해서 무시당하지 않았으면 하고, 말수가 적어 투명인간 취급받지 않았으면 한다. 아이 친구 엄마들과 내가 못 어울려 친구랑 놀 기회가 줄어들지 않았으면 하고, 급식시간에 집에서처럼 늦게 먹다가 지적당하지 않았으면 하고 바란다. 친구들과 갈등이 없었으면, 다른 친구들에게 놀림당하지 않았으면 하는 것이 모든 엄마의 바람이다. 사실 엄마들의 불안은 이것말고도 차고 넘치지만 여기까지만 하자. 우리 엄마들의 모양새가 너무 안 나지 않은가.

왜 우리 부모 세대보다 요즘 엄마들이 더 불안을 느끼는 걸까? 예전에는 지금처럼 정보도 많지 않았다. 정보가 있어도 지금처럼 광범위하게 공유하지 못했다. 하지만 요즘에는 어마어마한 정보를 공유하는 것이 전혀 어렵지 않다. 모르고 못 하는 것과 알고 안 하는 차이에서 엄마들은 혼란스러워한다. 무언가 내 아이를 위해서 알아야 할 것 같고 도와줘야 할 것 같은데 어디서부터 어떻게 도와줘야 할지 감을 잡기가 힘들다.

대한민국 모든 엄마의 불안감이 엄청나게 올라가는 시기가 있다. 내 아이가 본격적으로 사회생활을 시작하는 때다. 초등학교 1학년을 시작하기 전부터 워킹맘들은 직장을 쉬어야 하나, 쉬지 못한다면 누구한테 아이를 부탁하나, 점심을 안 먹고 나오는 날에는 어떻게 해야 하지? 끝없는 고민이 시작된다.

아이가 학교에서 수업을 어려워하진 않을까? 40분 동안 가만히 교실에 앉아 있을 수 있을까? 학교 화장실에서 큰일을 보고 혼자 잘 처리할 수 있을까? 친구들이랑 너무 장난만 치다 혼이 나면 어떡하지? 친구들과 잘 지낼 수 있을까? 마음에 맞는 친구가 없으면 어떡하지? 친구들로부터 소외당하는 건 아닐까? 선생님은 우리 아이를 예뻐해주실까?

진짜 다 털어놓자면 내가 했던 고민이 바로 이것들이었다. 아마 다른 엄마들도 이 마음을 너무나 공감할 것이다.

엄마들은 실제로 아이가 초등학교 1학년을 시작하기 전부터 볼일 보고 뒤처리를 잘하도록 연습도 시킨다. 내가 다른 것은 몰라도 뒤처리 훈련은 잘 시켜서 다른 엄마들이 벌써 아이가 혼자하냐고 놀라며 물었던 것이 지금도 웃프다. 엄마들은 정말 하나부터 열까지 아이를 걱정하고 또 걱정한다.

아이가 초등학교 1학년일 때 담임선생님과 처음 상담했을 때를 잊을 수가 없다. 유치원 때와는 또 다른 느낌이었다. 내가 교사지만 학부모 입장은 처음이라 너무 긴장되었다. 내 아이가 실제 어떤 아이인지 보다 선생님이 내 아이를 어떻게 보시는지가 더 중요하게 느껴졌다. 그때는 그랬다.

똑똑똑! 문을 두드리고 교실에 들어서는 순간에도 무슨 죄인처럼 너무 긴장해서 선생님 표정만 살폈다. 선생님이 밝게 웃어주시면 그래도 내 아이를 좋게 봐주시나 보다, 생각하려고 했던 것 같다. 선생님이 밝게는 웃어주셨다. 그런데 내가 걱정했던 대로 내 아들은 수업시간에 산만하고 집중을 잘하지 못한다고 하셨다. 난 선생님 말씀을 듣고 내 맘대로 해석해서 불안해하고 있었다.

나의 불안이 만든 내 맘대로의 해석은 이랬다. 내 아이가 다른 아이들보다 많이 뒤처진다. 지금 당장 엄마가 도와주지 않으면 아이는 학교생활에 적응하지 못한다. 우리 반에 있는 모범적인 아이들처럼 아이가 바뀌지 않으면 계속 힘들 것이다.

머릿속이 복잡해졌다. 일단 상담받을 수 있는 곳에 가서 검사를 받아보자고 생각했다. 진짜 내 심정은 이러했다. 검사결과지를 받으며 "아이는 지극히 정상이에요. 걱정하지 마세요"라는 말을 듣고 싶었다. 상담을 받으며 "아이는 아무 문제 없어요"라는 말을 듣고 싶었다. 놀이치료를 받으며 "아이가 눈에 띄게 좋아지네요. 원래 문제는 없는 아이예요"라는 말을 진심으로 듣고 싶었다.

유치원 때 지능검사를 했던 곳에서 뇌파검사를 할 수 있다고 하길래 뇌파검사까지 받아봤다. 모르는 아이들과 사회성을 기르는 집단 상담도 해봤다. 육아 수업도 무수히 많이 들었다. 진짜 할 수 있는 것은 다 해보고 있었다. 하지만 아이가 바뀐 것이 있어도 그때뿐이었다. 오히려 내 불안감만 확인하고 온 것 같았다.

이 비싼 검사와 상담, 육아 공부를 할 때 공통점이 있었다. 바로 내 아이에게 문제가 있다고 생각한 것이다. 무언가 분명히 문제가 있을 것이고, 그 문제를 내가 늦기 전에 바로 잡아줘야 한다고 느꼈다. 그 일을 못 하면 난 아무것도 안 한 엄마, 아이가 뒤처지는데 두 손 놓고 있는 무책임한 엄마가 된다고 생각했다. 육아 수업을 여러 번 들을 때도 난 이렇게 생각하고 있었다.

내가 아이 마음을 잘 공감해줘서 내 아들 친구처럼 만들어야겠다고 생각했다. 내 아이를 다른 아이처럼 만들고 싶어했던 것이다. 이미 시작부터가 잘못되어도 아주 잘못되었던 것이다.

난 내 아이를 온전히 이해하고 싶었다. "네 마음이 그랬구나"라고 이해하는 척하며 거짓말을 하고 싶지 않았다. 진짜 아이 마음도 모르면서 매일 "그랬구나. 그랬구나" 앵무새처럼 말하는 내가 바보 같았다. 내 아이 마음이 도대체 뭔지, 진짜 마음이 뭔지 알아야 진심으로 "그랬구나"가 되는 것이었다.

나는 그때부터 아이 마음을 볼 수 있는 열쇠를 간절히 간절히 찾고 있었다.

우리 아이는
왜 다른 아이들과 다를까?

"우리 아이는 도대체 왜 그럴까요?" 엄마들의 하소연을 들어보면 내용도 정말 다양하다.

"저희 아이는 너무 꼼꼼해요. 뭘 하다가 실수할 수도 있는데 그걸 못 참고 자기를 자책해요. 저희 아이가 오히려 저보다 더 꼼꼼해서 제가 더 지쳐요."

"아이가 너무 친구한테 잘해주려고 하는 것 같아요. 친구 것만 챙기는 것 같아서 걱정돼요. 아이가 자기 것도 좀 챙기고 그랬으면 좋겠어요."

"아이가 사람들 시선을 너무 신경 써요. 자존감이 낮은 건 아닌지 걱정돼요. 하고 싶어 하는 것은 열심히 하는데, 그 반대면 쳐다도 안 봐요."

"우리 아이는 너무 예민해서 눈치가 보여요. 친구들 말에 상처를 잘 받아서 제가 너무 신경이 쓰여요."

"다른 친구들은 밖에서 잘 노는 것 같은데 우리 아이는 매일 책만 봐요. 별로 놀고 싶지가 않대요. 진심인지 모르겠어요. 이러다 친구가 한 명도 없는 건 아닐까요?"

"뭐가 그렇게 불안한지 계속 저를 찾아요. 걱정이 너무 많아서 걱정이에요. 아이들이 겁쟁이라고 놀리는 것은 아닌지 모르겠어요."

"도대체가 한자리에 앉아 있는 걸 못 봤어요. 온종일 들떠 있어서 에너지가 딸려요. 선생님께 매일 지적당하는 것은 아닌지 몰라요."

"친구들 사이에서 대장 노릇만 하려고 해서 무슨 일 생길까 봐 불안해요. 자기주장이 강해서 어른들한테 버릇이 없어 보일까 봐 걱정이에요."

"자기주장이 너무 없어요. 친구들보다 뭐든지 느려 보여요. 행동이 느려서 친구들한테 놀림당하진 않을까 걱정돼요."

이렇게 엄마들의 걱정이 다양한 만큼 우리 아이들도 다양하다. 우리 아이가 다른 아이들과 다른 것은 이상한 것이 아니라 당연한 것이다. 내 배에서 나온 내 아이도 나와 이렇게 다르다. 하물며 피 한 방울 안 섞인 다른 아이들과는 당연히 다를 수밖에 없다. 아니, 달라야한다. 세상은 다양한 사람들이 살아가야 다양성이 보장되지 않는가. 다양성이 없다면 이 세상이 유지될 수 있을까.

내 아이는 틀리지 않았다. 내 아이는 다를 뿐이다. 아이마다 각자 더 잘 적응할 수 있는 분야가 다를 뿐이다. 아이마다 각자 더 잘할 수 있는 분야를 가지고 있을 뿐이라는 것이다. 다른 점이 있다는 것은 행복한 것이다. 다른 사람들과 구별되는 내 아이의 성향을 사랑해야 한다. 아껴줘야 한다. 그 성향과 기질이 결국 내 아이의 재산이 될 것이기 때문이다.

나는 TV 프로그램 중에 오은영 박사님이 나오시는 <금쪽같은 내 새

끼>를 즐겨 시청한다. 방송에 출연하는 모든 부모가 다 대단해 보였다. 나라면 저 방송에 나갈 수 있을까? 내 가족의 민낯을 보여줄 용기가 있을까? 내가 나가면 오은영 박사님이 방송을 중단시키는 것은 아닐까? 하하! 있지도 않은 상상을 해본다.

출연한 가족들의 공통점은 서로를 이해하지 못하고 갈등이 심해졌다는 것이다. 왜 가족들은 서로를 이해하지 못했을까? 가족의 성격을 서로가 더 잘 알았더라면 좀 더 나아지지 않았을까? 바로 나아지진 않았어도 옳은 방향은 잡을 수 있지 않았을까 생각했다.

에니어그램을 알았다면 어땠을까? 요즘 MBTI가 TV에 자주 등장하듯이 에니어그램도 자주 등장하기를 간절히 바라고 있다. 모든 부모가 에니어그램을 알고 갈등이 줄어들었으면 좋겠다.

<금쪽같은 내 새끼>에 나오는 가족들은 각자의 성격이 방송에 잘 드러난다. 가감 없이 평소의 모습을 보여주기 때문이다. 그리고 그 사람의 깊은 내면이 잘 보인다. 어떤 부분에 화를 내고 있는가, 짜증을 내는 부분이 어느 부분인가, 특히 걱정하는 것이 무엇인가, 상대에게 바라는 것은 무엇인가 등. 나는 이런 모습을 보면서 에니어그램 유형을 생각해봤다.

나에게 에니어그램이란 머리 한구석에 그냥 장착된 무언가와 같다. 그래서 나도 모르게 출연한 가족들을 보면 '저 사람은 에니어그램이 몇 번 유형일까?' 혼자 생각하게 된다. 모두가 각자 성격이 다르다는 걸 인정하고 서로를 알기 위해서 노력하면 얼마나 좋을까 생각해본다.

<금쪽같은 내새끼> 78회가 방영되고 있었다. 누가 봐도 순하고 착하

게 생긴 귀여운 남자아이가 나왔다. 아들을 둔 내가 봤을 때, 그 아이는 말도 예쁘게 하고 부족한 것이 하나도 없어 보였다. TV 화면에는 '느린 기질의 아이'라는 자막이 나왔다. 아, 느린 것이 문제가 되었구나. 그게 답답했구나. 기질이라는 뜻은 성격의 타고난 특성과 측면들을 의미한다. 에니어그램과 일맥상통하는 것이다.

나는 TV 속으로 뛰어 들어가서 기질이라는 단어 옆에 괄호 열고 에니어그램 괄호 닫고를 해주고 싶었다. 부모들이 에니어그램을 알았으면 좋겠다고 진심으로 생각했다.

에니어그램이 보편화 되고 TV 프로그램 자막에 에니어그램 유형이 자연스럽게 떠 있는 모습을 상상해봤다. 에니어그램 유형이 TV에 뜬다는 것은 이것을 의미한다. 모든 아이들이 고유의 에니어그램 유형이 있다는 것을 많은 사람들이 인식하게 된다는 것이다. TV에 나온 만큼 사람들은 더 관심을 가질 것이고 찾아볼 것이다.

나는 에니어그램 유형 설명이 제품설명서와 비슷하다고 생각을 했다. 제품설명서는 물건을 쓸 때의 방법과 주의할 점이 적혀있다. 에니어그램도 내 아이의 속마음이 적혀있어 무엇을 잘하고, 어떤 부분에서 불편해하는지를 알 수 있다.

이렇게 에니어그램과 제품설명서는 비슷한 역할을 하고 있다. 에니어그램을 알면 내 아이에 대한 설명서를 갖게 되는 것이라고 생각한다.

우리 아이가 다른 아이와 다른 점이 보인다는 것은 이미 아이의 중요한 성격을 파악하고 있다는 것이다. 단지 그 성격에 이름을 붙이고 유형화만 못했을 뿐이다. 이름표를 붙여주고 관심을 가지기 시작하면 내 아이만의 소중하고 특별한 부분이 더 잘 보일 것이다.

　바나나 품종 중 그로미셸이라는 품종이 100년도 더 전에 멸종된 일이 있었다. 맛이 진하고 달콤해서 그 품종만 키운 것이 문제였다. 바나나 전염병이 돌았고 한 품종만 키운 것이 화근이 되어 그로미셸 품종은 멸종되었다. 이렇게 다양성은 선택이 아니라 필수인 것이다.

　'우리 아이가 다른 아이들과 다른 것은 당연한 것이다.' 이 명제를 아는 것은 너무나도 중요하다.

　'내 아이는 틀린 게 아니고 다른 것뿐이다.' 이 명제를 이해한 부모들은 내 아이를 온전히 이해할 수 있는 방법을 찾아 나설 것이다.

　내 아이를 온전히 이해하지 못하는 부모는 아이의 색깔을 다른 색깔로 바꾸려고 할 수 있다. 내 아이를 온전히 이해하는 부모는 아이의 색깔을 더 선명하게 만들어줄 것이다. 자신의 색깔이 선명해져 행복해하는 아이의 모습을 떠올려보자. 그것이 부모가 줄 수 있는 진정한 사랑이다.

어디서부터
잘못된 것일까?

나와 남편은 닮은 점이 있다. 뭐든 할 수 있다는 자신감이 있고 의욕적이다. 나는 학교를 다녀오면 그날 있었던 기분 좋았던 일, 학생들과 즐거웠던 일을 기억하고 이야기한다. 남편은 회사에서의 마인드와 능력, 성과 등을 이야기하며 자랑스러워한다.

그에 비해 우리 아들은 기분이 좋을 때는 파티를 하는 듯 좋다가 안 좋을 때는 세상 제일 슬픈 표정을 했다. 학교를 갔다 오면 오늘 속상했다, 안 좋았다, 누가 기분 나빴다고 이야기하는 게 많았다. 그럼 나는 아이에게 바로 반문했다.

"그래도 좋았던 것이 있지 않았을까? 안 좋다, 안 좋다, 하면 진짜 안 좋은 생각만 나잖아. 오늘 급식은 맛있었어?"

"아니."

아…. 목에 무언가 걸린 느낌. 도저히 내 머리로는 이해가 안 됐다. 왜 이렇게 안 좋은 쪽으로만 생각하지. 답답했다. 아들은 남편과 나와는 또

달랐다. 그 모습이 익숙해지지 않았다.

"오늘 공연 완전 재밌다. 그지? 대박이야. 너 근데 왜 박수를 안 쳤어? 너보다 내가 더 치던데? 그럴 땐 신나게 쳐야 보는 사람도 재밌는 거야."

"난 재미없었는데."

이런. 빠지직! 일부러 재밌는 공연 보여주려고 힘들게 예매까지 했건만. 힘이 쫙 빠졌다. 그런데 신기한 것은 친구랑 공연 본 날은 이상하게 재미있었다고 한 날이 더 많더라는 것이다. 내가 너무 교육적인 걸 보여줬었나? 옆에서 재밌냐고 물어보는 사람이 없어서 그랬나? 뭐 잘은 모르겠지만 무슨 공연이든 내가 더 신났던 것은 확실하다. 그런데 나는 내가 신난 만큼 아이도 신나야 한다고 강요하고 있었다. 너도 나처럼 재밌어야지 정상이야! 박수 쳐라! 소리쳐라! 나 혼자 북치고, 장구치고 난리였다.

내 아이는 그냥 느끼는 대로 반응하는 것뿐인데, 나만의 방식을 아이한테 나도 모르게 강요하는 게 문제였다. 에니어그램을 모르기 전에는 나와 남편은 안 그런 것 같은데 왜 우리 아들은 이렇게 불만이 많을까? 풀리지 않는 숙제였다. 아들은 틀린 것이 아니라 단지 다른 것이었다. 그 다름을 이해해주면 되는 것이었다.

몇 년 전의 일이다. 내가 어릴 때 이가 잘 썩어서 아이는 관리를 더 잘해줘야겠다고 생각했다. 치과를 다니면 항상 치실 이야기를 하셔서 내가 직접 해주고 있었다. 그런데 내가 치실! 치실! 외치면 아이는 밍기적 거리기 시작한다.

"제발 좀 빨리 와줘. 엄마 이미 기다리고 있다. 빨리 와."

아이가 뭐 하나 살짝 보니 갑자기 관심도 없던 장난감을 만지고 있다. 참을 인! 참을 인 자를 새기자. 마음 속으로 그동안 배운 메시지를 토대로 열심히 참는데, 그 분이 오셨다.

"이야아아아!!! 엄마가 도대체 얼마나 더 기다려야 되는 거야! 어? 좀 빨리 빨리 와! 5초 센다! 5! 4! 3! 2! 1! 0! 땡!"

지금 생각해보니 5초가 아니라 7초였다. 이렇게 후한 엄마를 두고 아들은 '땡' 하고 나서야 부리나케 눕는다. 얼굴은 억지로 온 기색이 역력하다. 나는 성격이 엄청 급해서 아이에게 뭐를 하자고 했을 때 바로바로 안 하면 그렇게 화가 올라왔다.

그런데 아이는 화를 내거나 목소리가 커지는 분위기를 무서워했다. 아니, 무서우면 빨리 오라고요, 제발. 그런데 아이도 그게 마음처럼 안 됐었나 보다. 그리고 그렇게 마음에 상처가 생기면 그렇게 나에게 물어보는 말이 있었다.

"엄마, 나 사랑해?"

"…."

"엄마, 나 사랑해?"

"…응. 빨리 이나 닦아."

"엄마 진짜 나 사랑해?"

"당연하지. 그런데 나 진짜 물어보고 싶은 것이 있어. 왜 매일 물어봐? 엄마가 너를 사랑하지 않는 것 같아? 자꾸 물어보니까 엄마는 좀 기분이 나빠. 일부러 엄마 귀찮게 하는 것 같아."

"왜 귀찮아?"

"왜긴. 당연한 건데 자꾸 물어보니까 그렇지."

"난 계속 물어봐도 괜찮은데…."

"그래? 그럼 너도 직접 당해봐. 그럼 알 거야. 너 엄마 사랑해? 어어? 엄마 사랑해?"

"응. 엄마 사랑해."

"너 엄마 진짜 사랑해? 어어?"

"응. 엄마 진짜 사랑해."

"너 엄마가 계속 물어보는데 안 귀찮아?"

난 아들보다 더 못난 바보 같은 엄마였다. 나는 내 급한 성격 때문에 아들과 사랑을 속삭이는 것을 놓치고 있었다. 아들은 마음으로 이걸 느끼고, 다음에는 그걸 느끼고, 이렇게 마음으로 느끼는 걸 더 중요하다고 여겼던 것이다.

하지만 내 머릿속은 이 일을 하면서 저 일을 생각하고 저 일을 하면서 또 다른 일을 생각하듯이 머릿속이 바쁘게 움직이고 있었다. 그래서 아들이 나를 귀찮게 하려고 같은 질문을 계속한다고 생각했다. 나는 섬세한 감정표현에 익숙하지 않아서 아들의 깊은 사랑표현을 너무 쿨하게만 반응하고 있었던 것이다.

난 그날 정말 크게 깨달았다. 아들이 잘못한 것이 아니라 아들의 마음을 이해하지 못하고 내 식대로 해석한 무지한 엄마의 잘못이라는 것을 말이다. 그날 이후, 아들 친구 엄마가 집에 불러 잠시 이야기를 나눴다. 그날 있었던 이야기를 하니 워킹맘인 그 엄마의 눈에 눈물이 보였다. 나도 같이 눈물이 났다.

아이들은 이미 조건 없는 사랑을 우리에게 주고 있었다. 바쁘다는 핑계로 그걸 놓치고 있었고, 나와 다르다는 이유로 아이를 내 식대로 해석하고 있었다. 아이들은 그저 순수한 마음으로 부모를 대하고 있는데 말이다. 나도 내 아들을 순수한 본연의 모습으로 봐줘야겠다고 다짐했다. 이제 내가 아이를 이해할 차례였다.

아이의 문제에는
그만한 이유가 있다

내가 교사가 되고 안산의 한 중학교에서 교사 생활을 할 때였다. 우리 반에 한 남학생이 있었다. 두발 자유화가 아니었던 시절이었기 때문에 학교의 규율에 맞게 학생들이 머리카락을 잘라야 했다. 그 학생은 보통 학생보다 조금 머리카락이 길었을 뿐이었다. 하지만 규정에는 어긋났다.

그 남학생은 하루가 멀다 하고 두발 때문에 선생님들께 혼이 났다. 나도 전체 규율을 위해서는 머리카락을 더 짧게 잘라야 한다고 어머니께도 말씀드렸다. 그러자 어머니께서는 아이가 학교라도 졸업할 수 있게 도와달라고 간절히 말씀하셨다. 그 학생이 두발 때문에 또는 다른 이유로 학교를 나오다가 안 나오다가를 반복하고 있었기 때문이다.

"제발 우리 아이 머리만 좀 봐주시면 안 될까요? 제발, 이렇게 부탁 드려요. 아이가 졸업은 해야 되잖아요. 머리가 뭐가 그렇게 중요한가요. 제발 부탁드립니다."

그때만 해도 벌써 15년도 더 전이니 학생들에 대한 두발 단속이 더 심했었다. 나는 내가 교사여서 예외를 둘 수 없다고 말씀드릴 수밖에 없는 게 답답했다. 사실 그 남학생을 지금 생각하면 외모는 흔한 말로 일진처럼 보였다. 하지만 속마음은 그렇지 않다는 걸 나는 알았다. 선생님께 예의를 차리기 위해 노력하는 것도 보였다. 하지만 공부에 일단 관심이 없었다. 그리고 규율을 어기고 다른 학교 친구들과 어울렸기 때문에 학교에서는 눈 밖에 난 학생이었다.

그러니 그 아이만 두발 자유권을 준다는 것은 안 될 일이었다. 다들 그 아이를 겉모습만 보고는 학교 규율을 어기는 건방진 학생, 엄마 말을 안 듣고 엄마를 힘들게 하는 학생으로 낙인찍고 있었다.

지금 생각하니 그 아이도 분명 마음 깊은 곳에 집착하고 있는 것이 있었을 것이다. 두려워하고 있는 것이 있었을 것이다. 더 대화하고 그 마음을 알아줬더라면, 생각이 든다. 그리고 에니어그램을 알고 나니 그 학생의 어머니 마음도 이제 고스란히 느껴진다. 당시에는 안 되는 일을 계속 부탁하셔서 솔직히 난감한 마음이 컸다. 그때 손 한번 잡아드렸다면 어땠을까…. 이런 게 힘드시지 않으시냐고 더 깊이 이야기 나눴더라면 어땠을까….

에니어그램을 아는 상태에서는 사람의 겉모습을 가지고 판단하지 않는다. 그 사람의 속마음을 보려고 하기 때문에 분명히 그 아이도, 그 어머니도 좋은 변화가 있었을 것이다. 지금 생각하니 당시에 에니어그램을 몰랐다는 사실이 너무 아쉽다.

한 교실에 앉아 있는 학생들도 각자 가지고 있는 에니어그램 유형이 다 다르다. 그런 아이들이 한 명, 한 명 모여 반 분위기를 형성한다. 그 반 분위기라는 것이 정말 오묘하고 신기하다. 반마다 느껴지는 분위기를 나는 항상 느꼈었다. 그 반만의 색깔을 만드는 학생들의 하모니를 사랑했다. 한 명, 한 명이 다 소중한 아이들이었다.

생각해보면 나는 수업시간에 말이 많은 학생, 친구에게 장난이 심한 학생, 불평이 많은 학생까지 다 특별한 아이로 느껴졌다. 학생들을 보면 '이런 행동에도 다 이유가 있을 텐데'라는 생각이 강했다. 내가 교사를 하면서도 항상 행동 이면의 속마음을 알고싶어 했던 것이다. 이유는 단 하나다. 깊이 공감해주고 싶었다. 내 앞에 있는 학생의 감정을 제대로 이해해주고 싶었다.

내가 에니어그램을 알고 대화를 했더라면 여러 가지 힘을 길러줄 수 있었을 텐데…. 나와 대화하고 나서도 혼자 생각할 수 있는 힘, 자신을 성장시킬 수 있는 힘, 자신을 힘들게 하는 사람들을 이해할 수 있는 힘을 길러줄 수 있었을 것이다. 그것이 에니어그램의 힘이다.

지금이라도 자신의 삶을 괴롭히는 것이 하나라도 있다면 꼭 에니어그램을 해보라고 권해주고 싶다. 내가 고민하고 있는 것에서 진심으로 자유로워지고 싶은 사람은 반드시 길을 찾을 것이다. 나와 주변 사람의 에니어그램을 찾는 동안 사람을 이해하는 눈도 몇 뼘이나 자라 있을 것이다.

어느 날 아이의 유치원에서 아이들의 그림을 사진으로 보내주셨다. '우리 아이가 그림에 관심이 많으니 잘 그렸겠지'라고 생각했다. 그런데 이게 웬걸. 이상하게 아무리 찾아도 그림이 보이지 않았다. 눈, 코, 입이 잘 붙어 있고 얼굴색도 연둣색으로 예쁘게 색칠된 그림들 속에 눈에 띄는 그림 하나가 있었다.

유치원 선생님께서는 분명 아빠 얼굴을 그리라며 예쁘게 프린트까지 해주셨다. 그런데 겉라인은 보이지도 않는다. 갈색인지 똥색인지 구분도 안 되는 색으로 떡칠이 되어 있었다. 바로 남편에게 우리 아들 그림 좀 찾아보라며 문자를 보냈다. 남편은 그 그림이 맞는지 다시 확인하려고 물어봤다. 그래서 맞다고 하니, 재미있는지 자기 눈코입은 어디 있냐며 웃고 있었다.

웃음이 나오나? 아, 이런. 이걸 어떡하면 좋지? 선생님이 뭐라고 생각하실까? 아빠가 아이를 별로 사랑하지 않아서 이렇게 그렸다고 생각하시려나? 그건 진짜 아닌데. 동네 엄마들도 내 남편이 아이에게 참 잘한다는 걸 알고 있었다.

아니, 그럼 도대체 이 그림은 어떻게 설명해야 하나? 내 아이는 왜 이렇게 평범하게 가지 않고 자꾸 튀는 걸까? 이 그림을 다른 엄마들도 보고 있을 것이라고 생각하니 아이의 행동이 더 이해가 안 됐다. 아들에게 물어봐야 했다. 왜 그림을 이렇게 그렸는지….

"네 그림이 이거 맞아? 그림이 완전 똥색으로 떡칠되어 있던데 왜 그런 거야?"

"난 열심히 했는데, 엄마 나빠!"

응? 내가 나쁘다고? 아이는 자신이 열심히 했다고 생각했다. 내가 자신의 그림을 그렇게 말한 것에 대해 굉장히 기분 나빠했다. 아들아. 정말 당황스러운 건 사실 엄마다.

지금은 당시의 아들 마음을 이해한다. 자신은 정말 잘 색칠하고 싶었던 것이었다. 그런데 친구들 그림을 보니 질투가 났다. 제일 잘 그려서 자신이 칭찬받고 싶었는데 바로 기가 꺾여 버린 것이다. 그래서 최고가 안 될 바에야 그냥 열심히 안 하겠다고 생각했다. 그런 마음으로 아빠 얼굴에 똥칠하듯 칠했던 것이다.

그럼 아이가 열심히 안 한 것 같은데 왜 내 평가에 기분 나빠 했을까? 아이는 자신이 그림을 그린 모든 것을 소중하게 생각하고 있었다. 결과에 상관없이. 자신이 그린 그림을 기분 나쁘게 이야기하는 것은 자신을 그렇게 대하는 것이라고 느끼고 있었다.

아이는 과거를 중요시했다. 나는 과거를 금방 잊어버리는 성격이다. 정확히 이야기하면 과거의 불편했던 감정은 금방 잊고 좋았던 기억만 남기는 편이다. 아이는 반대였다. 자신의 스토리가 들어간, 발자취가 남은 모든 것을 소중하게 여겼다.

이런 아이의 성격을 내가 문제로 생각하지 않고 이해해주고 같이 해결했던 적이 있었다. 아이가 친한 친구의 강아지를 너무 예뻐해서 그 친구네 카톡 사진을 보고 그림을 그렸다. 강아지 주인인 친구 엄마가 그림을 보더니 너무 갖고 싶어했다. 나라면 바로 줬겠지만 아들은 나와 마음이 같지 않다는 것을 알고 있었다.

아들과 집에서 이야기해보니 하나밖에 없는 그림이라 주는 건 힘들 것 같다고 했다. 대신 새로 그림을 그려주겠다며 열심히 그렸지만, 예전 그림의 느낌이 아니라 고민을 했다. 결국 아이는 그림을 복사해서 친구에게 주었다. 그래도 아이의 친구와 가족들이 고맙다며 좋아했다. 그 모습을 보고 아들도 행복해했다. 자신의 그림을 누군가가 찾아준다는 것과 엄마가 자신을 이해해줬다는 사실이 좋다고 했다.

아마 아이의 속마음을 몰랐더라면 난 이렇게 말하고 있었을 것이다. "그냥 그림 친구 줘. 넌 또 그림 그리면 되잖아. 친구가 좋다는데 좀 주지 그래. 오히려 너 그림 좋다니까 좋은 거 아냐?" 하지만 이제는 안다. 아이가 자신이 표현한 작품, 자신이 모은 것들을 분신처럼 아낀다는 것을 말이다.

사실 에니어그램을 알기 전에는 내 아이가 작은 물건도 안 버리고 아끼는 모습이 집착하는 것으로 보였다. 뭐 그렇게 작은 것에 자꾸 집착하지? 한마디로 아들에게는 미안하지만 쪼잔하다고 생각했다. 누가 봐도 쓰레기 같은 물건들도 많은데 왜 안 버리는지 도대체가 이해가 안 되었다.

아이의 문제 되는 행동을 보면 불편한 감정이 올라왔었다. 불쾌한 감정도 느껴졌다. 원망스럽기도 했다. 하지만 이제는 아이의 문제를 내 식대로 판단하지 않는다. 아이의 행동에는 다 그만한 이유가 있다는 것을 알았기 때문이다. 에니어그램으로 들여다보면 어떤 행동을 하는 이유, 즉 속마음이 드러나 있다. 속마음을 알아야 내 아이를 다 안다고 할 수 있는 것이다. 에니어그램은 나를 바꿔놓고 있었다. 나는 눈으로 보이는 행동 너머를 보기 시작했다.

내 아이
이대로 키워도 괜찮을까?

임신테스트기를 해보고 임신인 걸 알았을 때, 감정이 벅차오르며 눈물이 났다. 내가 엄마가 됐구나! 나도 엄마가 되는구나! 한 생명이 내 뱃속에 있다는 사실이 믿기지 않을 정도였다. 뱃속에 너무도 커다란 우주가 자라고 있다는 것이 정말 신기하고 감사했다.

우리는 그렇게 부모가 되었다. 내 아이를 잘 키워야지, 행복한 아이로 키워야지, 다짐했다. 처음 아이를 낳는다는 것이 큰 공포로 다가오기도 하고 무섭기도 했다. 하지만 모든 부모는 건강하게만 태어나주기를, 건강하게만 자라주기를 마음속으로 기도한다.

난 처음 아이를 낳고 적잖이 놀랐다. TV에서 보던 아기들을 생각하며 내 아이를 봤는데 생각보다 정말 작아 보였다. 기저귀를 갈아줘야 하는데 다리가 가늘고 약해 보여 다리를 잡을 때 신경이 쓰였다. 분명 내가 보던 아기들은 통통한 엉덩이와 토실토실한 허벅지를 가지고 있었는데, 어떻게 된 거지?

내가 직접 낳아보니 아이가 태어나서 얼마 안 됐을 때는 목도 못 가누고 약해서 속싸개에 돌돌 말아서 다녀야 했다. 아기들은 어느 정도 자라서야 속싸개를 벗고 외출이 가능했던 것이었다. 이렇게 어느 정도 자란 토실토실한 아기들에 익숙해져 있었으니 내 아이를 보고 깜짝 놀랄 수밖에.

산후조리원에서 집으로 처음 온 날이었다. 침대 위에서 기저귀를 갈아주고 있었다. 산후조리원에서 다 해주시던 것을 내가 해보려고 하니 잘 안 되었다. 분명 배우고 왔는데도 말이다. 버벅대고 있는데 그때 갑자기 따뜻한 물줄기가 갑자기 내 얼굴을 때렸다. 악! 아기 오줌이 이렇게 멀리 나가?

알다시피 산후에는 호르몬 탓인지 약간의 우울증처럼 감정의 기복이 있다. 난 오줌을 맞고서 울어버렸다. 그래, 오줌 맞고 운 핑계를 대기 위해 우울증 이야기를 했을지도 모르겠다.

그런데 진짜 그때는 별별 생각이 다 들었다. 앞으로 이 난관을 어떻게 해야 하나! 나에게는 커다란 난관으로 느껴졌다. 앞으로 수백 번, 수천 번은 기저귀를 갈아야 할 텐데, 암담했다. 오줌이 갑자기 내 얼굴을 맞히듯, 앞으로 있을 다른 예상치 못할 일들이 두려웠다. 마치 사용설명서 없는 복잡한 제품을 가지고 와서 혼자 끙끙대는 모습이었다.

하지만 그때는 몰랐다. 내가 끙끙댔던 것은 컴퓨터로 따지면 하드웨어 사용방법을 몰라서였다는 것을…. 앞으로 더 중요한 것은 소프트웨어 사용방법을 익히기라는 것을 그때는 미처 깨닫지 못하고 있었다.

얼마 안 있다가 하드웨어와 소프트웨어의 문제가 동시에 일어났다. 밤마다 깨서 울었다. 거의 모든 엄마가 아기가 어렸을 때는 밤중수유를 해야 해서 진짜 잠이 부족하다. 그때 소원이 제발 통잠 한 번 자보는 거였으니까. 아직 어린 아기이니 수면 패턴이 잡히는 중이라 못 자기도 했고, 예민한 기질이라 못 자기도 했다. 수면 패턴이 잡혀야 하는 것은 하드웨어, 예민한 기질은 소프트웨어였다.

시간이 지나면서 하드웨어적인 부분은 내가 익숙해지고 해결이 되어 갔다. 그런데 아이의 성격 즉, 소프트웨어의 사용방법을 아직도 몰라 끙끙댔다. 이제 밤중수유도 끝났고 푹 자야되는 시기인데, 그렇게 자다가 깨서 울어 재꼈다. 나는 아이를 달래고 달래다 나중에는 아이한테 짜증 섞인 말을 했다. "제발 이제 자자. 왜 우는 거야. 도대체. 엄마도 졸립다고…." 아이 엉덩이를 토닥이던 내 손이 이제 힘이 들어가면서 투닥투닥으로 바뀌고 있었다.

아이는 낮 동안 부족했던 사랑을 찾고 있었던 것이다. 나는 아이가 30개월쯤부터 학교에 복직해서 출근을 하고 있었다. 아침에 출근할 때도 아이가 나를 굉장히 쿨하게 보내준다고 생각했다. 내가 미리 출근 이야기를 해줘서 그런가? 기특하고 다 컸다고 생각했다. 알고 보니 아이는 마음속으로 너무 불안하고 슬픈데 표현을 안 했던 것이다. 참고 참았던 것이 새벽에 울음으로 터져 나왔다. 항상 엄마 품이 그리운 아이가 되었던 것이다.

나름 직장 다녀오면 많이 놀아주고 있다고 생각했다. 하지만 그건 내 착각이었다. 내 아이의 사랑 주머니는 다른 아이들보다 더 컸던 것이다. 다른 아이들보다 슬픔을 더 잘 느끼고 예민한 아이인 것을 몰랐다.

나는 내 생각만 했다. 내 생각에 옳다고 생각하는 것이 아이한테도 맞는 줄 알았다. 우리는 모두 사람인지라 다 비슷한 생각을 하는 줄 알았다. 특히 우리 아이는 더더욱 나랑 같을것이라고 생각했다. 정말 큰 착각이었다. 나는 더 자주 사랑한다고 말해주고 안아줬어야 했다. 내 아이가 원하는 사랑을 해줬어야 했다.

내가 지금까지 아이 마음을 몰랐다면 지금 내 아이는 어떤 모습일까? 아이 얼굴에서 웃음을 보기 힘들었겠지. 아이 입에서 사랑한다는 말을 듣기 힘들었겠지. 아이 눈에서 넘쳐흐르는 사랑을 느끼지 못했겠지.

내가 내 생각이 있듯이 아이들도 아이마다 생각이 다르다. 바라보는 곳이 다르고 느끼는 것이 다르다. 사람은 성격의 근본적인 부분을 타고난다. 부모가 타고난 아이의 모습을 바라봐 주고 알아줄 때, 아이들은 자신의 잠재력을 발휘한다. 가짜 행복이 아닌 진짜 행복을 느낀다.

요즘 코로나19로 집에 있는 시간이 길고 실내 공기에 대한 관심으로 식물 키우는 집들이 많다. 화분 하나 안 키우던 우리집에도 식물들이 생겼다. 거실에 화분이 하나, 둘, 셋…. 총 다섯 개가 있었다. 왜 '있었다'라고 하냐면 몇 놈은 잘 자라고 몇 놈은 비실하고 한 놈은 흙으로 돌아갔기 때문이다.

흙으로 간 식물 이름이 그 뭐더라? 길쭉길쭉하고 통통한 애들이 뭉쳐있는 거. 아! 스투키! 요새 공기정화와 전자파 잡는 데 좋다는 스투키다. 산세베리아 친구. 이 식물도 나름 키우기 쉽다고 해서 골랐던 건데,

이렇게 빨리 가버리다니. 뭔가 내 탓으로 하기에는 억울한 점이 있었다. 물도 많이 안 준다고 생각하고 신경을 쓴다고 썼는데 이렇게 되고 나니 뭔가 당황스러웠다. 그리고 스투키한테 미안했다.

안다고 생각했지만 어설프게 알고 있는 것이 문제였다. 아이를 키우는 것도 식물 키우기와 똑같다. 부모는 내 아이를 많이 안다고 생각한다. 한 식물을 건강하고 윤기가 나게 키우기 위해서는 그 식물을 키우는 방법을 정확하게 알아야 한다. 그리고 신경을 쓰고 사랑해줘야 한다. 또한 여러 시행착오를 겪으면서 그 식물에 대해서 더 잘 알게 된다. 이런 모든 것이 쌓여서 건강한 나무가 되는 것이다.

만약 스투키한테 해피트리를 키우는 방법으로 물을 주면 어떻게 될까? 모든 식물은 햇빛과 물이 필요한 건 공통된 사실이다. 하지만 햇빛과 물의 양은 천차만별이다. 정말 식물을 잘 키우는 사람들을 보면 흙도 만져보고 정말 세심하게 다루는 것을 알 수 있다. 그 식물만의 패턴을 찾는 것이다. 주변에서 '이렇게 해줘 봐요, 저렇게 해줘 봐요' 한다고 해서 흔들리지 않는다. 왜? 자신이 제일 잘 아니까.

부모도 내 아이만의 패턴, 성격, 기질을 알아야 한다. 내 아이만의 에니어그램 유형을 파악해야 한다. 그 누구보다 내가 내 아이를 잘 안다고 자부할 수 있어야 한다. 에니어그램의 유형을 파악하고 내 아이만의 세계를 읽을 수 있는 부모는 절대 흔들리지 않는다. 내 아이에 대한 이해가 쌓이고 쌓인다. 두껍고 단단하게 쌓인 이해는 빛나는 보석이 되어 아이의 앞길을 환하게 밝힐 것이다.

아이의 마음이
어려운 엄마들

아이가 초등학교 1학년 때 처음 일반 상담소로 상담을 받으러 갔던 날이었다. 정말 긴장됐다. 내가 엄마로서 몇 점짜리 엄마인가가 공개되는 날 같았다. 그리고 내 아이가 몇 점짜리 아이인가를 알게 되는 날 같았다.

모르던 아이 마음을 조금이라도 알 수 있지 않을까? 아이 문제를 콕 집어서 해결해주시지 않을까? 상담을 다녀오면 우리 아이도 이제 선생님께 칭찬받고 즐겁게 학교를 다닐 수 있겠지, 내심 기대했다.

두근두근. 나와 아이는 선생님과 함께 놀이를 편하게 할 수 있는 방으로 갔다. 낯을 많이 가리는 아들은 괜히 민망한지 여기 있는 장난감 다 가지고 놀아도 되냐고 나한테 멋쩍게 묻는다. 머릿속이 복잡하다.

뭐라고 해야 하지? 왠지 평소대로 하면 우리 아이가 엄마와 애착 관계가 안 좋다고 애정 결핍 나오는 거 아니야? 그런 결과를 보고 기분이

가라앉느니 차라리 연기를 해야 하나.

아이가 장난감을 하나 꺼내서 놀았다. 선생님은 같이 편하게 놀면 된다고 말씀해주셨다. 그리고 선생님은 무언가를 열심히 적으셨다. 헉. 뭔가 실기 수업 같은데 평소처럼 말이 안 나온다. 어색하다.

"응. 엄마가 알려줘 볼까? 이거 이렇게 해볼까? 아, 이게 더 재미있을 것 같은데? 엄마가 도와줘볼게."

윽. 닭살이다. 누가 봐도 이건 연기다. 목소리에 바람이 잔뜩 들어갔다. 그리고 얼굴에 어색한 미소도 짓고 있다. 선생님이 옆에 계시니까 저절로 착한 엄마가 빙의된 것이다. 그래도 선생님은 그런 나의 모습을 여러 가지 각도로 보시고 좋은 말씀을 해주셨다.

나는 아이가 노는 방법을 지켜보면서 도와주는 역할을 하면 되었다. 그런데 자꾸 내 방식을 아이가 따라오게끔 만들고 있다고 말씀해주셨다. 아! 그랬구나. 난 항상 먼저 답을 구해놓고 아이를 거기에 끼워 넣으려고 했구나.

선생님이 아이와 단둘이 놀이 치료를 진행해주셨다. 모래 놀이를 하며 나눈 대화 내용을 나중에 들려주셨다.

"네? 우리 아이가 그랬다고요? 제가 잘 안 놀아준다고 말했어요?"

뭐지…. 그 느낌 아는가. 뒤통수 맞은 느낌. 나는 나름 애정 표현을 많이 해준다고 생각했었다. 우리 아이한테 사랑한다고 안아도 주고 표현도 많이 해준다고 자부했던 것이다. 내가 애교가 많은 성격은 아니어도 내 아이에게 만큼은 부족하지 않을 만큼 해준다고 생각하고 있었다. 그런데 선생님께서 아이에게 많이 표현해주라고 하셨다. 아이는 많이 부족하게 느끼고 있으니….

내 아이와 나는 서로 다른 생각을 하고 산 것이다. 지금이라도 알아서 다행인가. 그런데 나는 뭔가 억울했다. 상담실을 나와 집에 가려고 차에 탔다. 출발하기 전에 뒷 자석에 앉은 아이에게 물어봤다.

"아까 선생님한테 엄마가 평소에 많이 안 놀아줘서 속상하다고 그랬어?"

"응. 진짜잖아."

이렇게 1초의 망설임도 없이 바로 대답할 줄이야.

"아니 진짜로 그렇게 느꼈어? 엄마는 많이 놀아준 거 같은데. 표현도 많이 해주고."

"아니야. 엄마랑 아빠 다 나랑 잘 안 놀아줬잖아."

난 계속 억울했지만, 아이가 너무도 확실하게 이야기하고 있으니 반박할 필요가 없었다. 뭐 어쩌겠나. 아이가 그렇게 느꼈다는데….

"알았어. 엄마가 미안해. 여태까지 몰랐어. 네가 그렇게 느끼는지. 엄마는 진짜 많이 표현하고 놀아주고 있다고 생각했는데. 오늘 진짜 선생님한테 그 얘기 듣고 놀랐어."

괜히 그러면서 아이한테 "사랑해!"를 한 번 더 날려줬다. 앞으로 상담 선생님한테 잘 말해달라는 뇌물처럼. 난 그때까지도 뭐가 중요한지 모르고 있었던 것이다. 그리고 아이 마음이 참 어렵다는 걸 느낀 날이었다. 나는 내 아이를 정말 잘 안다고 생각했는데 오늘 '땅땅땅!' 판결이 났다.

나는 이만큼이면 충분하다고 생각했는데 그게 아니었다. 나는 지금까지 내가 주고 싶은 사랑만 줬구나. 내가 주고 싶은 사랑을 주고서 많이 사랑해줬다고 생각하고 있었구나. 아이가 바라는 사랑을, 아이가 바라는 만큼 줘야되는 거였구나, 새롭게 얻은 깨달음이었다.

어느 날 아이가 하교 후 집에 가기 위해 차를 탔다. 아이는 학교에서 있었던 일을 말하기 시작했다. 그런데 뉘앙스가 왠지 좋은 이야기는 아닌 것 같았다.

"엄마, 애들이랑 몸이 닿으면 이상하게 눈물이 나." 나는 이해가 안 돼서, "때린 거야? 안 때린 건데 왜 눈물이 나?" 난 아무리 생각해도 이유가 생각나지 않았다. 아이는 자신의 마음이 불편했던 것은 기억했지만 자기 마음이 왜 그런지 몰라 혼란스러워하고 침울해했다.

아이는 이날 이후에도 여러 번 비슷한 이야기를 했다. 하지만 당시에는 나도 이해가 안 되었다. 나중에는 해줄 말이 없으니까 이렇게 말하고 있더라. 눈물 흘릴 일이 아닌 것 같은데…. 눈에 뭐가 들어간 것이 아닐까?

하지만 지금은 아이와 대화를 많이 하고 많은 상황을 겪다 보니 퍼즐이 맞춰졌다. 다시 그때로 돌아간다면 이렇게 아이에게 말해 줄 것이다.

"친구들이 급하게 지나가다가 너랑 몸이 부딪히거나 닿았나 봐. 그때 네 몸이 밀렸거나 스친 느낌을 친구가 널 미워한다고 느낀 거야. 솜사탕처럼 마음이 여리고 고와서 눈물이 났던 거야. 그럴 수 있어. 눈물이 났던 건 자연스러운 거야. 엄마는 이해해."

부모들은 아이들의 마음이 참 어렵다. 부모들도 다 어린 시절을 겪었다. 하지만 우리는 부모가 되면서 어른의 입장을 본능적으로 더 잘 이해한다. 그리고 아이와 나는 성격이 똑같지도 않지 않은가.

내가 운영하는 네이버 카페 '아이 속마음 연구소' 회원 중 아이 때문에 걱정이 많은 엄마가 있었다. 아이는 초등학교 1학년이었다. 엄마는 친구들 집에 놀러 가지도 않고 친구를 집에 데려오지도 않는 아이가 걱정되었다. 코로나19 때문이라고 백번 이해하고 넘어간다고 해도 친구들과 놀이터에서 노는 것도 전혀 못 봤다. 그리고 더욱더 걱정인 것은 학교가 끝나고 집에 올 때 항상 혼자 온다는 것이다. 반에서 왕따가 아닌가 걱정이 되었다.

하지만 알고 보니 아이는 혼자 있는 게 편한 아이였다. 원래 기질이 친구들과 어울려 노는 것보다 혼자 있는 시간이 필요한 아이였다. 그러나 엄마는 사람들과 같이 있을 때 살아있다는 느낌을 받는 사람이었다. 엄마의 눈으로 본 아이는 사회적으로 도태된 아이일 수밖에 없었다.

불안함은 무언가에 대한 확신이 없을 때 커진다. 사람이 그것에 대해 확실히 알면 알수록 불안함은 사라지게 마련이다. 따라서 아이의 마음을 확실히 안다면 엄마의 불안함도 사라진다.

그렇다면 아이의 속마음을 아는 방법은 없을까? 아이가 바라는 사랑을 줄 수 있는 방법은 무엇일까? 우리는 아이가 세상을 바라보는 안경을 확인해야 한다. 내가 세상을 바라보고 있던 안경을 벗고 아이의 안경으로 세상을 바라보는 경험이 필요하다. 아이가 바라보는 세상이 어떤 색인지 하루라도 빨리 확인하고 싶다면, 우리는 에니어그램을 알아야 한다.

나는 내 아이 성격을
너무 몰랐다

아들은 그림 그리기를 참 좋아한다. 어느 정도인가 하면, 유치원 참관 수업 때도 혼자 손가락으로 허공에 대고 그림을 그리고 있었다. 아뿔싸! 아들아, 집에서는 얼마든지 손가락으로 그림을 그려도 되는데, 유치원 참관 수업에서까지 그러고 있구나. 오, 마이 갓! 나야 내 아이가 갑자기 뭔가 생각나서 허공에다 그림을 그리는 거라는 것을 잘 안다. 하지만 다른 엄마들이나 선생님은 어떻게 생각할까 걱정이 되었다.

이미 눈치챘겠지만, 내 아들은 가만히 수업에 집중하기보다 본인이 좋아하는 것에 집중하는 아이였다. 나는 조용히 앉아서 선생님만 쳐다보는 아이들의 엄마가 부러웠다.

초등학교 미술 수업으로 자신의 얼굴을 그리는 시간이었다. 보통의 아이들은 누구나 생각할 수 있는 눈, 코, 입의 모양을 그렸다. 하지만 내 아들은 자신만의 표현 방법으로 자신의 얼굴을 그렸다. 담임선생님은 그림을 고치라고 하셨고 내 아들은 그 말에 따라 어쩔 수 없이 고쳤다. 얼굴이 다른 친구들과 비슷해질 때까지 여러 번 고치고 나서야 교실 뒤 게시판에 걸릴 수 있었다.

나는 아들 마음도 이해는 되었다. 하지만 '학교에서만은 좀 평범하게 그림을 그려서 선생님에게 지적을 안 받으면 아이도 나도 편할 텐데'라고 생각했다. 아들은 그 일 이후로 그림을 그리기 싫다고 했다.

내 아들은 겉으로는 자기주장을 강하게 나타내지 않지만, 자신이 하고 싶은 게 확실한 성격이다. 그리고 상처받았던 것은 두고두고 기억한다. 이 일 말고도 본인의 마음이 다친 일은 아주 세세하게 기억한다. 나에게 서운했던 일을 어제 일처럼 이야기할 때는 정말 나도 깜짝 놀란다. 내 아이가 안 좋았던 기억들은 훌훌 털어버리는 성격이었으면 좋겠다고 생각했었다.

아들이 나와 같이 수학 문제를 풀 때였다. 진도는 안 나가는데 몸을 비비 꼬고 있는 아들의 모습을 보고 있자니, 내 '참을 인'자가 바닥을 드러내려고 했다. 참자. 참자. 마음속으로 지르던 비명과는 다르게 나는 더 큰 목소리로 진짜 비명을 지르고 있었다.

"지금 뭐 하는 거야! 똑바로 앉아! 왜 이 문제를 못 풀어! 너 다 배운 거잖아! 어? 일부러 아는데도 안 푸는 거야?"

조용하다. 뭐지. 아들이 말이 없어서 쳐다보니 조용히 눈물을 흘리고 있었다. 그러더니 아예 책상에 엎어졌다. 아…. 조금만 더 참을걸. 그런데 뭐 이런 거 가지고 울지? 내가 소리만 지르면 우는 아이가 마음이 너무 약하다고만 생각했다.

주변의 내 아이 친구들을 보면 학교에서 수업도 잘 듣고 선생님에게 칭찬만 받는 아이들이 있다. 알림장도 어쩌면 그렇게 잘 적고 잘 챙기는지…. 자기 할 일 알아서 하고 밥도 잘 먹고…. 저 아이는 엄마가 어떻게 가르치길래 저렇게 점잖을까. 내 아이도 선생님에게 칭찬만 받았으면 좋겠는데. 저 아이 엄마는 진짜 걱정이 없겠다. 전생에 나라를 구했나. 온통 이런 생각뿐이었다.

내가 아는 동네 엄마 중에도 목소리가 조용조용하고 성격이 차분차분한 엄마들이 참 부러웠다. 그만큼 아이한테 소리를 덜 지를 테니까. 아무래도 나보다 더 참을성이 많을 테니까. 그냥 태어날 때부터 조용하고 차분한 성격이 부러웠던 것이다.

내가 아이 교육을 잘못한 것 같았다. 내가 아이를 잘못 키워서 아이 성격이 다른 아이들과 다르다고 생각했다. 그래서 상담을 받으러 다니고 놀이 치료 수업을 들으러 다녔다. 아이는 상담 선생님을 만나고 나면 기분이 좋았다. 나는 생각했다. 내가 상담 선생님같이 아이에게 해주면 되지 않을까? 왜 돈을 내고 상담 선생님을 만나야만 아이 기분이 좋아질까? 엄마야말로 아이 옆에 계속 붙어 있는 사람인데….

그러다 상담받는 것을 그만두고 도서관에 개설된 육아 수업을 듣기 시작했다. 정말 내 아이를 대하는 태도 등에 대해 많이 배운 시간이었다. 그래서 수업을 듣고 나면 자신감이 뿜뿜! 솟아났다. 엄청 상냥한 목소리로 말하게 되는 것은 덤이었다.

"그랬구나…. 엄마가 대답을 안 해줘서 속상했구나. 미안해. 속상했겠네."

하지만 도서관 수업이 없는 날에는 그놈의 회생본능이 꿈틀거렸다. 결국, 내가 지고 만다. 그러고는 또 소리를 지른다. 그렇게 수업을 듣고도 왜 쭉 바른길로 가질 못하지? 내가 한심해보였다. 더군다나 나는 여전히 내 아이를 다른 아이들과 비교하고 있었다. 내 아이 자체가 이해가 안 된 생태에서 겉으로 보이는 나의 모습만 자꾸 바꾸려고 하니 바뀔 리가 없었다.

엄마는 내 아이의 기분을 직감적으로 안다. 하지만 난 두려워서 자꾸만 피하는 것이 있었다. 아이 표정이 어둡거나, 말투가 평소와 다를 때 나는 아이에게 무슨 일이 있냐고 물어보지 못했다. 설마, 아니겠지. 별일 없을 거야. 물어보면 아이는 생각도 안 하고 있었는데 나 때문에 괜히 기분만 안 좋아질 수도 있지 않을까? 긁어 부스럼 만드는 것일 수도 있어. 이렇게 생각하고 넘기는 일이 많았다.

사실은 별일 없기를 바라는 마음에 아이의 진짜 마음을 직면하지 못한 것이었는데 말이다. 내 아이의 성격을 잘 알기 위해서는 내가 앞서 했던 실수들을 하지 않아야 한다. 정면돌파! 그것이 중요하다.

지레짐작으로 아이한테 다가가지 못하고 머뭇거렸다면 이제 아이에게 먼저 물어보자. 처음에는 아이나 엄마나 어색할 수 있다. 하지만 어색해서 튕겼던 아이도 엄마가 계속 자기 마음에 관심을 보인다는 것을 알게 되면, 어느 순간 아이도 자기 이야기를 하게 될 것이다. 그렇다고 아이가 격앙된 상태인데 정면돌파하라는 것은 아니다. 그럴 때는 일단 후퇴한 후 정면돌파를 하자! 어쨌든 내 아이의 속마음을 엄마가 들어줘야지 누가 들어 주겠는가.

평소에 아이들의 표정을 잘 살펴보자. 내 아이는 표정이 한 가지인가? 그럼 말투, 행동으로라도 표현되지 않겠는가. 아이마다 기복이 다를 뿐이지 감정이 있는 만큼 그들만의 변화가 꼭 있다. 내 눈이 아이 얼굴에 가 있고 내 귀가 아이가 하는 말에 가 있다면, 내 아이의 에니어그램 유형을 찾아 기뻐하며 무릎을 탁! 칠 날이 분명 올 것이다.

내 아이가 많이 힘들어하고 있을 때를 생각해보자. 내가 아이의 속마음을 알기 위해서 여기저기 물어보러 헤매지 않아도 된다면, 얼마나 안심이 되겠는가. 아이의 속마음을 알기 위해 노력하는 엄마는 눈빛이 초롱초롱하다. 내 아이의 마음을 알려고 아이를 관찰하기 시작했기 때문이다. 아이의 속마음을 아는 엄마는 상담받을 필요를 못 느낀다. 내가 내 아이를 제일 잘 알기 때문이다.

아이의 속마음에 대한 정보는 하나에서 둘, 둘에서 셋, 점점 늘어나 내 아이에 대해서는 척척박사가 되어 간다. 오히려 아이가 엄마를 통해 자신을 발견하게 된다. "엄마 말을 들으니까 내가 사실은 그 일을 많이 신경 쓰고 있었던 거 같아"라고 아이가 말한다고 생각해보자. 엄마인 내가 얼마나 자랑스러울까?

내 아이에게 밥해주고 해줄 것 다 해주고도 쌀쌀맞은 아이의 뒷모습에 절망했던가? 이제는 아이의 속마음을 아는, 내 아이의 정신적인 부모가 되어주자. 내 아이의 영혼까지 지켜주는 부모가 되어주자. 오늘도 내 아이는 성장 중이다. 모든 부모는 내 아이 곁에서 비바람이 불어도 끄떡없는 커다란 나무가 되어줄 수 있다.

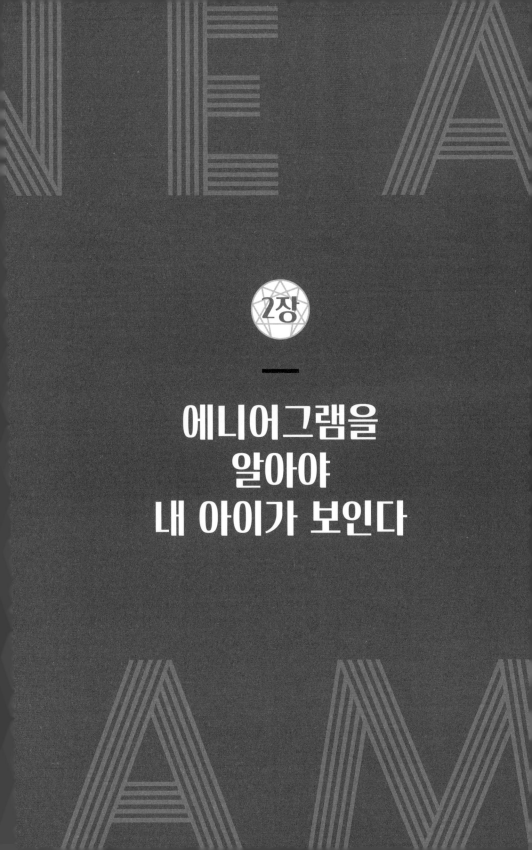

2장

에니어그램을
알아야
내 아이가 보인다

나는 에니어그램으로
내 아이의 속마음을 배웠다

엄마들은 아이의 성장기마다 고민이 항상 있다. 내 아들이 아기였을 때는 이런 생각이 들었다.

'왜 이렇게 엄마만 찾을까? 다른 아기들은 보면 엄마 없이 다른 사람들이랑도 잘 있고 방긋방긋 잘 웃던데.'

'다른 아기들은 잘 먹고 순한데 우리 애는 입도 짧고 왜 이렇게 예민할까?'

'아기 비위를 맞추려고 어른 몇 명이 출동해야 하는 느낌이다. 좀 무난하면 안 될까?'

'아기 표정이 뭔가 우수에 차 있다. 다른 아기들 보면 침도 흘리고 아무 생각 없이 그냥 해맑아 보이는데.'

알고 보니 내 아이의 유형은 태어날 때부터 분위기를 가지고 태어난다고 한다. 실제로 놀이방을 가면 우리 아이의 얼굴만 우수에 젖어있을 때가 있다. 아기들이 얼굴에 분위기가 있다면 상상이 되는가. 나는 어른이 된 지금도 분위기를 잡으려면 훈련을 받아야 가능할까 말까 한데 이것도 타고 나는 것이다.

내 아들은 감정적인 돌봄이 넘치게 있어야 안정감이 드는 아이였다. 그래서 항상 엄마를 찾았다. 겉으로 찾지 않더라도 항상 마음속으로 생각하고 있었다. 그게 안 채워지면 예민해져서 힘들게 할 때가 있었다. 타고나면서부터 분위기를 타고나기 때문에 다른 아이들과는 다른 아우라가 있다. 카리스마와는 다르다.

에니어그램을 알고 보니 예전 아기 때의 모습도 다 이해가 되었다. 그때 알았더라면 좀 더 보듬어줬을 텐데, 아이가 나만 찾아도 귀찮을 때까지 계속 안아줬을 텐데, 그때도 최선을 다한다고 키웠지만 생각해보면 아쉬움이 많다.

아이가 크면서 잡월드에 있는 유아놀이방도 많이 놀러 갔다. 그러면 보통 다른 엄마들은 아이 혼자 놀라고 하고 쉬고 있다. 그런데 나는 그게 허락되지 않았다. 새로운 친구들이랑 섞여서 놀기를 바랐는데, 그렇게 나를 불러댔다. 어른 누군가 한 명이라도 붙어 있어야 안심이 되는 모양이었다.

이 또한 에니어그램을 알고 보니 대인관계에서 상처를 잘 받아 자신감이 없었기 때문이었다. 하지만 자신과 연결된 한 명이라도 있으면 자신감을 가지고 잘 놀았다. 그런 아이의 마음도 모르고 나는 "그냥 혼자 놀아보기도 해봐"라고 말했다. 그게 아이의 독립심을 기르는 방법이라고 생각했다. 그래야 친구들과 노는 힘이 키워진다고 생각했다.

내 아이는 오히려 옆에서 적절한 방법을 익힐 때까지 옆에서 같이 있어주는 것이 더 좋다는 걸 지금은 알고 있다.

아이가 그림 그리는 걸 좋아해서 그림 그리는 미술학원을 갈까 하다가 공작수업을 위주로 하는 미술학원을 보내봤다. 그곳에서 다양한 재료로 자신이 표현하고 싶은 것을 그리고 만들었다. 아이를 지도해주시는 선생님이 수업 후에 이런 말씀을 해주셨다.

"아이가 자신감이 많이 떨어져 보이네요. 뭔가 파괴되고 무너지는 표현을 보니까 자존감도 많이 떨어진 것 같아요. 많이 신경 써주시면 좋을 것 같아요."

나는 선생님이 말씀하시는 동안 공감하고 있었다. 선생님이 나보다 아이를 더 잘 이해하고 계신다고 생각했다. 실제로 그때 당시에는 그랬다. 그래서 그 선생님이 다른 곳으로 옮기셨다고 했을 때 그렇게 아쉬웠다.

내 아이에 대해서 제일 많이 알아야 할 사람은 바로 나였는데, 다른 사람한테 의지하고 나는 쏙 빠져 있었다. 그러니 항상 이 사람, 저 사람의 말에 휘둘리게 됐다. 내가 중심이 잡혀 있으려면 에니어그램을 알아야 했다. 실제로 나는 당시에 아이의 자존감을 높이기 위해 할 수 있는 것은 다해보고 싶었다. 그러기 위해서는 내가 적절한 무언가를, 대단한 무언가를 아이에게 제공해야 한다고 생각하고 있었다.

이제는 안다. 자존감은 그렇게 해서 얻어지는 게 아니라는 것을….

본인이 어떤 사람인지 정확히 아는 것, 자신을 이해하는 것, 그런 자신을 사랑하는 것이 자존감의 영양제였다. 나답게 살 수 있는 사람이 곧 자존감이 높은 사람이었다.

아이가 에니어그램 유형상 항상 자신감이 없어 보인다는 것을 알았다. 그리고 다른 친구들과 다르게 사람들 사이에서 적응하는 시간이 필요하다는 것도 알았다. 감수성이 풍부하고 남들과 똑같은 것은 거부하며 자신만의 독특한 무언가를 표현하고 싶어하는 것도 알았다.

이제 아이가 그리는 그림을 보고 쉽게 판단하지 않는다. 그냥 '아이의 지금 마음을 표현한 거구나' 또는 '이런 색을 사용하고 싶었구나'라고 생각한다. 기존 관념에 벗어난 그림이라고 해서 내 마음대로 해석하지 않는다. 아이는 항상 남들과 다른 자신만의 그림을 그리고 싶어하니까.

에니어그램을 알고 나니 정말 좋은 것이 있었다. 아이가 정말 속상해서 올 때, 마음으로 달래야하기 때문에 보통은 안아주고 있다. 아이는 몸을 맞대고 위로를 받아야 마음이 풀리는 유형이기 때문이다.

"뭐가 그렇게 속상한 거야?"

"……."

여러 번 질문해도 묵묵부답일 때가 있다. 그러면 나는 그때 직접적으로 아이의 마음을 풀어서 이야기해본다.

"아까 친구가 한 말에 상처받은 거야? 네가 정말 좋아하는 친구인데 그런 말을 하니까 속상했던 걸까? 그 친구가 너를 별로 안 좋아하는 거 같은 생각이 들어서 눈물이 났던 것 같은데 맞을까?"

보통 아이가 대답이 없어도 계속 안겨있으면 마음이 맞은 것이다. 그 이후에도 내 아들로 거의 빙의해서 마음을 쭉 이야기해주다 보면 조금 지나서 말을 해온다. 그런데 요즘 아이가 사춘기 아이처럼 감정 기복이 있을 때나 진짜 속상한 것이 강하게 밀려올 때는 방문을 닫고 혼자 있겠다고 한다. 나도 처음에는 당황했다. 내가 안아줘야 마음이 풀어질 것 같은데 괜찮을까? 계속 기다리다가 안 되겠어서 문을 열고 들어갔다. 그랬더니 아이가 이렇게 말했다.

"나 혼자 있을 거야. 나가줘."

진심인 게 느껴져서 알았다고 하고 바로 나왔다. 에니어그램 유형 설명이 생각났다. 아이가 속한 4유형은 감정을 고스란히 느낄 시간이 필요하다. 옆에서 위로해줄 때 너무 빨리 풀게 하려고 하면 오히려 역효과가 난다. 기다리자는 생각이 들었다. 역시나 기다리고 있었더니 이제 들어오라고 하였다. 방에 들어가서 진짜 속상한 이유를 들어보고 마음을 정리해줬다.

나는 에니어그램을 알고 나서 아이에 대한 확신이 생겼다. 다른 엄마들은 내가 아이에 대해 확신을 가지고 있는 것이 부럽다고 한다. 그리고 엄마가 확신을 가지고 있으니 아이가 행복하게 자랄 것 같다고 한다. 아이는 엄마가 믿어주는 만큼 자라는 거니까.

나는 에니어그램으로 아이 속마음을 배웠다. 나는 아이에게 강요하는 것보다는 아이답게 크는 방법을 배운 것이다. 나는 내 아이를 진심을 다해 응원한다. 아이가 본인이 그리고 싶은 삶을 행복하게 살 것이라고 확신한다.

아이를 억지로 사회의 틀에 맞추려고 하지 않겠다. 아이의 자유로움을 사랑할 것이다. 그게 내 아이를 사랑하는 방법이라는 것을 에니어그램을 통해 배웠기 때문이다. 내 아이 유형에 맞는 사랑 방법을 찾은 것이다.

아이는 지금도 자신만의 인생을 그리고 있는 중이다. 세상을 바라보는 특별한 눈을 가지고, 세상을 표현하는 개성 있는 손길을 가지고….

겉으로 보는 아이의 모습이 전부가 아니다

아이가 다녔던 유치원에서는 아이들 사진을 많이 공유해주셨다. 그럼 나는 제일 먼저 확인하는 것이 있었다. 먼저 내 아이가 어디에 있나 찾는다. 구석 가장자리에 있으면 일단 좀 마음이 안 좋다. 왜 구석에 있을까? 친구들이랑 놀다가 싸웠나?

그래도 아이 얼굴이 웃고 있으면 그나마 마음이 놓인다. 하지만 얼굴조차 웃고 있지 않을 때가 있다. 그러면 진짜 무슨 일이 있구나 싶다. 항상 얼굴로 몸으로 자신의 기분이 스며 나오는 아이라 그런지, 아니면 엄마라 그런지 모르겠지만 그냥 느낌이 왔다.

그럼 내가 아무리 기분 좋은 일을 하고 있었어도 내 아이의 기분을 확인하는 순간 내 기분도 아이와 같아지는 것이다. 유치원에서 즐겁게 지내면 좋을 텐데…. 사실 나중에 아이 이야기를 들어보면 보통 엄마들처럼 너무 걱정이 앞섰던 것도 없지 않아 있다. 하지만 내 아이 성향상 작은 일에도 마음을 잘 다치는 아이라서 더 신경이 쓰였다.

내 아들은 4유형 중에서도 표정에 웃음이 있는 유형이라 사진을 찍을 때 웬만하면 다 미소천사로 나온다. 엄마들도 "어쩌면 아이가 눈웃음까지 치면서 해맑게 웃어요. 사진만 봐도 기분이 좋아요"라고 말했다.

그때는 몰랐다. 아이의 밝은 웃음이 진짜 진짜 즐겁고 행복해서 마냥 웃는다고만 생각했다. 그런데 에니어그램 유형상 사진을 찍으면 웃는 모습을 하는 것이 편했던 것뿐이다. 더군다나 기분이 안 좋은 일이 있으면 그 마음을 숨기기 위해 더 어색하게 웃는 경우도 있었다.

아이는 같은 유치원을 다섯 살 때부터 일곱 살 때까지 다녔다. 처음에 그 유치원을 선택한 이유는 집이 가까운 이유도 있다. 하지만 진짜 중요한 이유는 따로 있었다. 아이가 어릴 때 부터 우유, 계란, 호두 알레르기가 있었다. 우유 알레르기는 다행히 유치원 들어갈 때쯤 없어졌다. 하지만 여전히 계란과 호두 알레르기가 있었다. 병원에서도 절대 입에도 대지 말라고 하셔서 조심해야 했다.

그런데 아이가 다닌 유치원에서 사전설문지를 작성하는데 음식 알레르기에 대한 내용이 보였다. 그 많은 유치원 중에 음식 알레르기를 물어보는 유치원은 그때는 이곳이 유일했다. 음식 알레르기가 있는 자녀를 둔 부모들은 다 이해할 것이다. 그 문항 하나가 얼마나 반가운지. 유치원에서 그 사실을 인지하고 신경 써주실 거라고 생각하니 정말 감사했다.

역시 생각한 대로 아이의 알레르기를 신경 써주셨다. 그 달의 점심 식단표가 나오면 형광펜으로 계란과 호두 들어가는 음식을 일일이 다 체크해주셨다. 정말 눈물이 나게 감사한 일이었다. 형광펜으로 표시해주신 음식이 들어있는 날에는 그걸 대체할 음식을 만들어서 보냈다.

예를 들어 탕수육이나 돈가스 같은 음식이 적혀있으면 내가 계란이 안 들어간 돈가스를 만들어 보내는 것이다. 요리 못 하는 나도 그때 당시에는 어떻게 계란 안 들어간 돈가스를 잘도 만들어 보냈다. 그 밖에도 계란찜 등 계란이 들어간 반찬은 너무나도 많아서 그때그때 아이에게 물어보고 다른 반찬을 싸주었다.

유치원 친구들 생일 때 생일 케이크를 같이 먹을 수가 없어 계란 안 들어간 빵에 생크림을 발라서 보내주었다. 아이는 자신이 케이크를 별로 안 좋아한다고 했다. 진짜야? 진짜 안 좋아해? 케이크 맛있지 않아? 나라면 먹고 싶어서 그냥 달라 그랬을 수도 있을 것 같은데….

어느 날 선생님이 전화를 주셨다.

"어머니, 다 같이 간식 먹는 시간이었는데 간식에 계란이 들어있더라고요. 그런데 아이가 자기는 괜찮다고, 별로 안 좋아한다고 그러네요. 그렇게 말해주어서 기특하고 고맙더라고요."

그래. 먹고 싶다고 떼쓰는 것보다 안 먹고 싶다고 말해주는 것이 엄마로서는 마음이 더 편했다. 철없는 엄마는 아이의 겉으로 보이는 모습만 보고 내 맘대로 판단하고 있었다. 아니, 그렇게 판단하고 싶었던 것이다. 아이의 진짜 마음을 애써 외면하고 있었다.

사실 아들은 자기가 먹고 싶다고 말해버리면 엄마가 속상할까 봐, 엄마 마음이 다 느껴져서 말을 못 한 것뿐인데….

내 아들이 친구들과 놀 때였다. 친한 친구가 장난이라고 친구들 이름을 부르며 약 올리고 있었다. 내 아들이 그 이야기를 듣고 약간 웃음을 유지하면서 쫓아갔다. 이때 아들은 이 웃음을 유지하는 것이 중요했다. 왜? 본인은 아무렇지 않은 척에 성공해야 하니까. 그래서 장난스럽게 하지 말라고 하며 잡으러 다닌 것이다.

난 아이 성격을 잘 아니 분명히 기분 나빠하거나 상처받았을 것 같은데, 하면서 지켜만 봤다. 집에 와서 이야기하기를 아까 너무 기분이 나쁘고 속상했다고 한다.

어떤 날은 마음이 다친 일로 펑펑 운 적도 많다. 그럼 나는 아이 마음을 최대한 어루만져주기 위해 최선을 다한다. 아이 중에 남한테 먼저 상처 주지 않으려고 조심조심하는 경우는 아이가 남한테 잘 상처를 받는 경우가 많다.

내가 제일 중요하게 생각하는 것이 마음 만져주기다. 마음을 잘 만져줘야 마음이 단단해진다. 이번 일이 상처로 남지 않고 경험이 된다. 경험이 될 때 배우고 더 성장한다. 아이의 마음을 만져주는 것이 마음을 온전히 이해해주는 것과 같은 것이다.

난 아이의 겉모습이 사실 속마음과 다를 때가 많다는 것을 에니어그램을 배우면서 너무 잘알고 있었다. 우리 아이뿐만 아니라 모든 아이가 겉모습과 다른 속마음을 가지고 있다. 겉모습에 가려진 속마음을 읽지 못하면 아이 마음속 상처가 더 깊어지고 넓어지는 것이다. 나는 모든 아이가 건강하게 자랐으면 좋겠다. 정말 모든 아이가 행복했으면 좋겠다.

아이들은 자기 마음 알아주는 사람이 단 한 사람만 있어도 된다고 하더라. 그 사람이 엄마, 아빠이면 제일 좋겠지만 꼭 그렇지 않더라도 할머니, 할아버지, 또는 그 밖에 어른 중 한 명이어도 괜찮다. 단 한 명, 그 한 명이 있으면 아이는 마음을 회복할 수 있다. 자기 마음을 볼 기회를 얻고 마음을 치유 받는 것이다.

아이 주위를 찬찬히 둘러보자. 아이의 마음을 온전히 알아주는 사람이 생각나는가? 당신이 아니더라도 한 명만 있으면 되는 거니까. 하지만 만약에 아직도 생각나지 않는다면 방법은 하나다. 그 한 사람이 바로 내가 되면 되는 것이다.

내 아이를 품에 안고 진심으로 같이 울어줄 수 있는 사람이 바로 당신일 때, 아이는 겉모습이 아닌 자신의 여린 속을 온전히 내보일 것이다.

아이의 행동에는
이유가 있다

내 대학교 때 별명이 신유똥이었다. 하도 똥 이야기하는 걸 좋아해서다. 나는 재미있는 것을 좋아하고 꾸미지 않고 편하게 이야기하는 걸 좋아한다. 내가 똥 이야기를 좋아하는 핑계를 대보자면 그렇다는 것이다.

나는 내 아들의 반응을 보지 못했다면 모든 사람이 정도의 차이만 있을 뿐, 똥 이야기를 다들 좋아하는 줄 알았을 것이다. 똥이라는 단어가 귀엽지 않나? 아무튼. 하물며 나에게 수업받은 학생들도 내가 똥똥거리면 수업의 활기를 찾고 좋아했다. 그래서 사람들이 다 좋아한다고 착각하고 살았나 보다.

어느 날 아들에게 똥똥거리니 장난이 아니라 진심으로, 진짜 진심으로 기분 나빠하며 화를 내는 것이다. 왜? 왜? 재미없어? 너 재밌으라고 그런 건데…. 나는 너무 당황스러웠다. 재미있자고 하는 말에 왜 화를 내지? 내가 똥을 얼굴에 바른 것도 아닌데, 왜? 왜? 도대체 왜?

아들의 에니어그램 유형은 기품있고 우아함이란 단어가 어울리는 유형이다. 나는 눈 씻고 찾아봐도 그런 단어와는 일단 어울리지 않는다. 아무리 엄마와 아들 사이지만 유형이 이렇게 달라버리니 똥에 대한 마음가짐도 다를 수밖에.

그렇다고 아예 그런 이야기를 안 하는 건 아니다. 오히려 그런 이야기를 하면 자신은 안 하는 이야기를 해주니 재밌어할 때도 있다. 특히 본인에게 직접적으로 그런 이야기를 할 때 기분 나빠하는 것이다. 그리고 무엇보다 남들 앞에서 그런 이야기를 한다는 것은, 오! 진짜! 있을 수 없는 일이다.

나는 똥 이야기를 하는 것이 남들 앞에서 망가진다고 생각하지 않고 오히려 즐거움을 나눈다고 생각했다. 하지만 아들은 나와는 다르게 받아들이고 있는 것이다.

아들아. 덕분에 똥 이야기를 조심하게 됐다. 고맙다! 나도 기품이라는 것 좀 가져보자!

어느 날 아들 친구 엄마들이랑 벤치에 앉아서 이야기를 나누고 있었다. 내 아들과 친구들은 놀이터에서 놀고 있었다. 그런데 아들은 친구들이랑 놀다가 그렇게 나를 찾아 왔다.

"아니, 친구들이랑 재밌게 놀아. 왜 왔어? 엄마 아줌마들이랑 이야기하잖아. 어서 가서 놀아."

아들이 친구들에게 다시 갔지만, 그때부터 나는 온통 신경이 아들에게 가 있었다. 아들이 친구들이랑 잘 노는지, 아들 표정을 살펴보며 내 마음은 롤러코스터를 타고 있었다. 아들은 자신에 대한 평가가 굉장히 짠돌이인 유형이다. 그에 반해 나는 뭐 근거도 없이 자신감이 넘치는 유형이다. 자신감이 없어도 일단 웃고 보는 성격이라는 것이 더 맞겠다. 나와 아들은 성격이 정말 반대였다. 그래서 이해하기가 힘들었다.

이 또한 아이의 사회성을 기르는 과정이라고 생각하며 아이를 떠밀었다. 그리고 다른 엄마들에게 사회성 부족한 아이로 보일까 봐, 빨리 가서 친구들이랑 놀라고 무심히 말하고는 했다.

지금 생각하면 내 아들의 마음은 이러했다. 그렇지 않아도 자기 자신을 저평가하는데, 친구들이 와서 조금만 마음을 건드리는 말을 하면 와르르 무너지는 것이었다. 자기 자신이 너무 작아지는 것 같아 나에게 마음의 위로를 받으러 왔던 것이었다. 그럼 나는 이렇게 말하기도 했다. "뭘 그런걸 가지고 그래. 괜찮아. 가서 놀아. 친구는 그냥 아무 뜻 없이 그런거야." 사실 이 말은 내 입장인 것이지 아들의 마음은 그런 게 아니었는데. 상대의 말에 예민하게 반응하는 아이는 나와 가지 않았는데, 그 마음을 몰라줬다.

아이들은 보통 두 부류로 나뉜다. 자신의 이야기를 시시콜콜 이야기하는 아이와 그렇지 않은 아이다. 유형에 따라 여기에 속할 수도 있고 반대에 속할 수도 있다. 내 아들은 어디에 속할 것 같은가? 맞다. 자신의 이야기를 시시콜콜 이야기하는 아이다.

어떤 엄마들은 부럽다고도 이야기한다. 자기 아이는 도대체 속 이야기를 안 해서 무슨 일이 있는지, 어떤 생각을 하는지 모르겠다고 말한다. 그런데 난 처음에 하나부터 열까지 자신의 힘들었던 이야기를 다 하는 아들이 부담스러웠다. 정확히 이야기하면 아들이 힘듦을 그렇게 많이 느끼고 있다는 게 속상했다. 난 지나고 나면 기억이 안 나던데, 그리고 힘들어도 주변 사람에게 진짜 힘든 것은 이야기하지 않는데, 아이는 나와 정반대였다.

왜 이렇게 사소한 것까지 다 힘들어하는지, 그 기억을 왜 다 끌어안고 가는지, 이해가 안 됐다. 그리고 그 이야기를 매번 와서 이야기하는 것도 신기했다. 하지만 내 아이에게는 감정이 가장 중요한 것이었다. 상처를 받으면 정말 세세한 것까지 다 기억하는 아이였다. 감정을 다치면 꼭 위로를 받아야 힘이 나는 아이였다.

이제 모든 걸 알고 나서는 오히려 나에게 시시콜콜 이야기해주는 아들이 정말 고맙다. 항상 아이의 모든 감정을 같이 공유할 수 있어서 고맙고, 나에게 와서 위로를 받고 싶어 하는 것도 고맙다.

내 아이가 나에게 혼나면 보이는 반응이 있었다. 나는 어렸을 때 혼나면, 보통은 내가 그런 것이 맞다, 또는 아니다라고 말한다. 아니면 억울하다, 화난다 이렇게 겉으로 표현한다.

하지만 아이는 혼났기 때문에 이미 자신이 작아진 상태가 되었다. 그래서 자신이 상처받은 것을 만회하려고 마음과 다른 행동이 나왔다. 자신의 민망함을 누르려고 마음에 없는 어색한 행동을 하는 것이다.

나는 아이의 그런 행동이 굉장히 솔직하지 못한 것으로 보였다. 그리고 약해 보였다. 그래서 겉으로 보이는 행동에 초점을 두고 아이를 혼을 냈다. 하지만 아이가 그런 행동을 한 이유를 알고 나니 사과해야 할 사람은 나였다. 아이가 자기 자신을 낮게 평가하는 아이고, 그래서 상대의 말에 상처를 잘 받는다는 것을 알고 보니, 아이를 혼낸 내가 원인 제공자였던 것이다.

그 뒤로는 조금 더 부드럽게 이야기하려고 노력한다. 그러면 신기하게도 아이는 나의 말 분위기를 바로 알아차리고는 더 부드럽게 이야기해준다. 내가 민망할 정도로 말이다. 마치 '엄마가 지금처럼 부드럽게 이야기하면, 난 원래 부드러운 아이야'라고 말하는 것 같았다.

아이가 줌으로 온라인 수업을 하고 있을 때였다. 아이가 가장 좋아하는 시간은 미술 시간이었다. 담임선생님과 친구들이 그림을 칭찬해주고 인정해준다는 것이 아이의 자존감을 높이는 데 정말 큰 힘이 됐다. 나도 옆에서 보면서 아들이 자랑스러웠다. 그렇게 자랑스러운 마음에서 끝내야 했는데, 나는 괜히 옆에서 참견을 늘어놓았다.

아들이 그리기를 하는데 너무 독특해 보이는 경우 내가 생각한 대로 하도록 참견을 한 것이다. 아들은 극도로 싫어했다. 자신만의 세계, 특히 그림 그리는 것에 옆 사람이 참견하는 것은 있을 수 없는 일이었다. 그때 아이의 반응을 보고는 이제 절대 간섭하지 않으려고 한다. 오히려 아이의 그런 성격, 즉 예술적인 것에 자신만의 개성을 타고난 것이 축복으로 여겨졌다. 독특해 보였던 것은 독특한 걸 넘어서 아이의 재능이었다.

아이의 모든 행동에는 이유가 있다. 아주 작은 아이의 행동에도 아이의 속마음이 숨어 있다. 말 한마디에 천 냥 빚을 갚는다고 했던가. 부모가 아이에게 건네는 말 한마디가 아이의 속마음을 알아주는 한마디라면, 아이는 하루에도 수십 번 마음을 이해받는 것이다. 내가 아이의 마음을 어느 정도 아느냐에 따라 아이의 말과 행동 너머에 있는 숨은 아이의 마음을 알 수 있다.

다들 사랑할 때 한 번쯤은 이런 생각을 하지 않았나. 상대의 마음속에 들어가서 그 사람의 생각을 볼 수 있다면 얼마나 좋을까? 그의 행동에, 그녀의 행동에 이미 속마음이 들어있었다. 단지 해석을 못 했을 뿐이다.

지금 내 눈앞에 있는 아이는 내가 사랑하는 사람이다. 정말 말로 다 표현하지 못할 정도로 사랑하는 사람이다. 내가 제일 사랑하는 아이의 속마음이 아이의 말과 행동에 들어있다. 정말 그 사람을 사랑한다면 그 사람의 속마음이 궁금한 것은 당연하다. 에니어그램으로 아이의 속마음을 훤히 들여다보고 싶은 것은 너무나 당연한 것이다.

나는 아이의 속마음을 배우고 나니 아들의 여린 마음이 너무나 사랑스러워졌다. 그리고 내가 아이에게 도움을 줄 수 있다는 사실을 축복이라고 생각하고 정말 감사하다.

에니어그램을 알아야
내 아이가 보인다

나는 하루종일 에니어그램을 생각한다. 나, 가족은 당연하고 나와 추억이 있는 지인들을 생각하면서도 에니어그램을 떠올린다. 오랫동안 만난 친구들은 에니어그램을 생각하기에 좋다. 그리고 지금 알고 지내는 지인들을 만나면 자연스럽게 에니어그램을 떠올린다. 혼자 조용히 생각하는 것이 아니다. 여기저기 동네방네에 다 알리는 격이다. 나 에니어그램 공부해요! 재밌어요!

TV 프로그램 중에 커플을 만드는 프로그램들이 많이 있다. <솔로 지옥>, <돌싱글즈> 같은 프로그램은 자신을 드러내는 방송이기 때문에 에니어그램을 생각하기가 좋았다. 유명 연예인들도 내 머릿속 에니어그램 방에서 이런 유형, 저런 유형으로 맞추기 작업이 한창이다. 하물며 인물 만화시리즈 《WHO》책을 읽을 때도 에니어그램이 저절로 생각난다. 한마디로 사람만 등장하면 에니어그램이 바로 연결된다.

일 년 반쯤 전 TV 프로그램 <놀면 뭐하니>에서 유재석, 이효리, 비가 나와 '싹쓰리' 활동을 했다. 그런데 방송에서 MBTI를 이야기하지 않는가! 우아! 드디어 연예인들이 공개하는 건가? 나는 혼자 상상하며 들떠 있었다.

나는 사람을 이해하는 도구라면 가리지 않고 좋아했다. 20대 때는 혈액형부터 별자리, 나중에는 사상체질까지 관심이 생겨서 보는 사람마다 붙잡고 체질 이야기를 했었다. 그러다가 30대에는 MBTI를 파고들었고 최종적으로 에니어그램에 눈을 뜬 것이다.

그런데 MBTI를 직접 연예인들이 검사하고 결과를 이야기하고 있으니 얼마나 놀라운가. 곧 에니어그램도 TV에 나올 것이라고 기대하고 있었다. 정말 이제 사람들이 에니어그램의 진가를 알게 되겠구나, 생각했다. 그런데…. 내 기대는 그냥 기대일 뿐이었다. 연예인들의 MBTI 결과는 점점 쌓여가는데 에니어그램에 대한 관심은 그 어디에도 없었다.

사람들이 MBTI를 물어보는 것처럼 에니어그램 유형을 자연스럽게 물어보는 날이 오기만 기다리고 있었다. 에니어그램이 얼마나 좋은데, 우리 아이들 이해하는 데 얼마나 좋은데, 아이고, 억울해라. 억울해. 이제 에니어그램도 MBTI처럼 사람들에게 익숙해질 때가 되었다. 난 그게 바로 지금이라고 생각한다.

나와 지인의 MBTI가 똑같은 ESFP다. MBTI가 같지만 다른 사람들이 느끼는 성격은 많이 다르다. 왜냐하면 에니어그램 유형이 다르기 때문이다. 따라서 성인이라면 에니어그램을 중심으로 MBTI를 같이 보면 자신에 대해 다각도로 알 수 있다. 나는 그런 식으로 우리 남편을 철저히 분석하고 이해했다. 남편은 내 손안에 있소이다!

자라나는 어린이라면 에니어그램을 중심으로 보는 게 맞다. 물론 MBTI를 같이 알면 도움이 많이 된다. 하지만 에니어그램을 중심으로 MBTI를 아는 것과 에니어그램을 모르고 MBTI를 아는 것은 천지 차이다.

MBTI를 저평가하는 것이 절대 아니다. 그러나 사람을 이해하려면, 그리고 내 아이를 이해하려면 필수적으로 에니어그램 유형을 알아야 한다. 다음 장에 나오겠지만 에니어그램은 9개 유형이고 각 유형마다 하위유형이 3개씩 있다. 즉, 1유형 밑에 하위유형이 3개, 2유형 밑에 하위유형이 3개…. 이런 식으로 9×3=27, 27개 유형인 것이다. 27개 유형이 2개씩 또 나뉘어 27×2=54, 54개 유형으로 나타내기도 한다.

내가 하고 싶은 말은 에니어그램은 단순히 9개로 분류하고 끝나는 단순한 것이 아니며 굉장히 매력적인 도구라는 것이다. 에니어그램은 인간의 변하지 않는 타고난 성격을 말해주고 있다. 아이의 에니어그램 유형은 아이의 진짜 모습이다. 무조건 에니어그램을 알아야 한다. 에니어그램을 알면 도토리가 참나무로 자라듯이 사람을 건강하게 성장시킬 수 있다. 그 에니어그램에 갇혀 사는 것이 아니라 나의 에니어그램을 확인한 후, 나의 성장을 도모할 수 있다는 것이다.

나는 아이들을 좋아한다. 아이가 놀러 나갈 때 나도 걸을 겸 아이와 같이 잘 나간다. 나가면 아이 친구들도 보고 이야기도 하는데 그것이 재미있었다. 교사로 학교에 있을 때도 느꼈지만 난 참 아이들이랑 잘 맞는 것 같다. 뭐라 그럴까? 말이 통한다고나 할까?

내가 이야기를 잘 들어주어서 그런지 아이들도 같이 이야기를 잘한다. 아이 친구 중에는 내가 안 나가면 "너희 엄마 왜 안 나오셔?" 하고 묻는 친구도 있다. 이런 아이들의 모습이 귀엽고 좋다.

난 아이가 노는 모습을 보고 에니어그램을 생각해본다. 워낙 자주 보기 때문에 아이들 성향을 잘 알고 있어서 가능했다. 그 아이 에니어그램 유형에 맞춰서 생각해보고, 아이의 성격에 맞춰 이야기를 해주고 들어주려고 한다. 참 다양한 아이들이 있어서 노는 모습도 다양하고 재미있다.

에니어그램을 알면 내 아이를 이해할 수 있다. 더불어 내 아이 친구들 성격도 이해하게 된다. 따라서 내 아이에게 친구들의 행동과 말을 더 이해시켜줄 수 있다. 실제로 내 아이도 친구들과 놀고 오해를 하거나 힘들어할 때 에니어그램을 이야기해줬다. 그랬더니 그다음부터는 "몇 번 유형이라 그랬을까?" 하면서 그 친구의 성격을 이해하고 싶어 했다.

아들의 성격이 예전보다 확실히 밝아지고 사회성이 좋아졌다. 그 이유는 에니어그램으로 친구들을 이해시켜줬기 때문이다. 즉, 예전에는 '친구가 나를 미워해서 그랬나'라고 생각이 들었다면 이제는 '친구가 몇 번 유형이라서 그 행동이 나왔구나' 하고 이해하는 것이다.

아이의 아킬레스건에도 도움이 되었다. 작은 습관을 만들어서 아이의 아킬레스건이 극복되도록 했다. 아이의 에니어그램 유형을 몰랐다면 아킬레스건이 뭔지도 몰랐을 것이다. 따라서 아이에게 지금 당장 필요한 좋은 습관이 무엇인지 몰랐을 것이다.

　나는 에니어그램을 알고 나서 내 아이의 진로가 눈에 보인다. 즉, 아이가 진짜 좋아하는 것이 보인다. 그리고 아이가 진짜 잘하는 것이 구분된다. 그래서 못하는 것을 강요하지 않고 싫어하는 것을 강요하지 않을 힘이 생겼다. 공부 잘하는 주변 아이들을 보고도 내 아이에게 공부만 강요하지 않을 수 있었다. 내 아이만큼은 내가 가장 자신이 있었고, 어떤 말을 들어도 흔들리지 않았다.

　가끔 생각한다. 내 아이가 여자친구를 만나면 이런 여자친구를 좋아하게 될까? 결혼하면 이런 배우자를 만날까? 내 아이의 에니어그램을 알고 나니 배우자가 어떤 성격일지, 궁합은 어떠할지 생각도 해봤다. 앞으로 만나는 이성 친구와의 고민도 같이 나누고 해결해줄 준비가 나는 되어 있다. 나는 아들에게 항상 어필 중이다. 네가 만나는 모든 인간관계에서 엄마가 큰 도움이 되고 싶고, 더 중요한 건 분명히 도움이 될 거라고 말이다.

　나는 아이가 사춘기가 되기 전에 에니어그램을 알아서 감사하다. 아이의 문제 행동이 더 도드라지기 전에 이해할 기회가 더 많아졌기 때문이다. 하지만 아이의 사춘기 이후에 알았더라도 나는 더 감사했을 것이다. 아이와의 거리를 좁힐 수 있는 진짜 기회를 얻었기 때문이다. 나는 자녀를 사랑하는 모든 부모에게 자신 있게 말할 수 있다. 에니어그램을 알아야 내 아이가 보인다고 말이다.

맞춤 육아의 시작점,
에니어그램

동네 엄마들과 모이면 자식들 이야기가 항상 단골 메뉴다.

"같은 배에서 나온 게 맞나 싶어요. 첫째랑 둘째가 달라도 너무 달라요."

그럼 옆에 있던 쌍둥이 엄마도 한마디 거든다.

"아이고, 쌍둥이인데도 달라요. 같은 날 나왔는데도 정말 어쩌면 그렇게 다른지, 어느 장단에 맞춰야 하나 모르겠어요."

내 아들의 친구는 둘째다. 엄마는 둘째가 첫째에 비해 짜증과 불만이 많다고 느낀다. 하지만 애교쟁이에 사랑둥이라고 생각한다. 남자아이지만 엄마와 스킨십도 잘한다. 엄마 마음도 잘 읽어 음식도 챙겨 주고 맞춤형 편지도 써 준다. 한마디로 살갑다. 그에 반해 첫째는 모범생이다. 학교에서도 문제없이 자기 할 일을 잘하는 성격이다.

하지만 엄마와의 스킨십이 둘째만큼 익숙하지는 않다. 스킨십이 어색한 것이다. 첫째여서 그럴까? 첫째여서 스킨십이 어색한 나이가 더 빨리 온 것은 맞을 것이다. 하지만 진짜 중요한 것은 그런 성격도 각자가 가진 기질과 성격에서 비롯된다는 것이다. 아무리 둘째여도 스킨십을 불편해하고 어색해하는 아이들이 분명히 있다. 이것도 기질이자 성격인 것이다.

소는 풀을 먹고 사자는 고기를 먹듯이 아이들에게도 자신의 성격에 따른 맞춤형 육아가 필요하다. 그것이 아이를 자라게 하고 행복하게 만드는 지름길이다.

내 아이가 1학년 2학기를 막 시작했을 때였다. 나는 동네 도서관에서 개설한 육아 강좌를 신청해서 듣고 있었다. 그때 수업해주신 선생님께서는 온화한 미소를 지니신 육아의 달인이셨다. 이분에게서 나는 또 에니어그램 수업도 듣게 되었다. 육아 공부에 에니어그램까지 알려주셨으니 나에게는 구세주요, 은사님 같은 분이시다.

엄마들은 아이가 숙제를 안 해서 걱정이다. 숙제하라고 좋게 이야기하는데 말을 안 듣는다고 하소연했다. 이런 하소연에 그분이 말씀하시기를….

"이미 엄마 머릿속에 숙제를 시키고야 말겠다는 생각이 가득한 그 순간의 대화는 결말이 정해져 있는 거예요. 꼭 무엇을 해야만 한다는 생각을 지우고 아이와 대화해보세요."

그때 내가 잘못했던 것들이 생각났다.

'아…. 내가 아이와 말하다가 결말이 항상 안 좋았던 이유가 그거였구나. 나는 내가 생각하고 있는 것을 듣기 좋은 말로 포장해서 아이에게 강요하고 있었던 거였어. 나도 선생님처럼 아이에 대한 걱정과 두려움을 없애고 진정한 대화를 하고 싶다.'

이후에 도서관에서 육아 공부를 가르쳐주시던 선생님께서 에니어그램 수업을 열어주셨다. 그 수업을 통해 나는 아이를 관찰하기 시작했다. 이 유형, 저 유형을 읽어보며 내 아들과 비슷한 무언가라도 찾으려고 끙끙댔다. 그런데 참 사람 마음이 그렇다. 이미 나는 내 아들의 성격을 잘 알고 있다. 그 이야기는 단점도 잘 알고 있다는 뜻이다. 에니어그램 유형 중에 내 아이의 단점을 설명해주는 유형이 있었다.

그때는 몰랐는데 나도 모르게 그 유형은 아닐 거야, 이건 아니었으면 하는 마음이 있었나 보다. 괜히 3유형을 기웃거리고 괜히 7유형을 기웃거리고, 4유형을 보다가 이건가? 상처를 잘 받는다고? 우울? 아, 이건 아니었으면 좋겠는데…. 이렇게 혼자 북 치고 장구 치고 했다. 내가 아이의 유형을 인정해버리면 내가 걱정하던 내 아이의 단점이 기정사실화되어 버릴 것 같았다. 즉, '태어날 때부터 그런 것이니 그냥 포기해!' 이런 생각이 들 것 같았다.

내 아이에게 맞는 열쇠가 4유형인데 계속 다른 열쇠가 맞을 거라며 다른 열쇠를 찾아서 돌아다닌 것이다. 그러다 결국 4유형으로 돌아왔다. 내 아이의 유형을 받아들이고 나자 아이의 진짜 마음이 궁금해졌다. 그리고 아이를 도와주는 방법이 무엇일까 궁금했다. 그때부터 4유형을 엄청나게 공부하기 시작했다.

아이의 유형이 파악되자 아이 유형의 장점이 도드라질 때는 폭풍 칭찬이 가능했다. 단점이 도드라질 때는 더 집중해서 아이와 대화할 수 있었다. 나의 최대 관심사는 아이에게 긍정적인 마인드를 키워주는 것이었다. 왜냐면 아이는 늘 자신이 부족하다고 생각하는 유형이었기 때문이다. 나는 항상 '행운아! 럭키맨!'을 외치고 다니는 사람이라 그런 아이의 모습이 더 안타까웠다.

요즘 그 고민이 한 방에 날아가는 일이 생겼다. 나는 에니어그램에는 굉장히 관심이 많았지만, 책을 쓸 생각은 눈곱만치도 없었다. 주위에서는 이러다가 책 쓰는 거 아니냐며 가게 안에 방을 내줄 테니까 상담해보라는 말을 하기도 했다. 하지만 내 인생에 그런 일은 전혀 없을 거라고 생각했다.

그런데 진짜 생각지도 않게 운명처럼 1,100명의 작가를 배출한 김태광 대표코치를 알게 되었다. 그의 책《더 세븐 시크릿》,《평범한 사람을 1개월 만에 작가로 만드는 책쓰기 특강》을 읽으면서 신세계에 눈을 뜰 수 있었다. 나는 바로 네이버 카페 '한국책쓰기강사양성협회(이하 한책협)'에 가입했다. 그리고 김태광 대표코치의 책쓰기 특강을 듣게 되었다. 그는 자신감 넘치는 어조로 이렇게 말했다.

"저는 목숨 걸고 코칭합니다!"
"성공해서 책을 쓰는 것이 아니라 책을 써야 성공합니다!"

특강을 들을수록 점점 더 내 사명이 커져가는 것이 느껴졌다. '의식이 전부다!'라는 슬로건을 내걸고 작가의 의식성장에 모든 것을 쏟으시는 김 코치님 덕분이다. 김 코치님은 의식성장과 관련한, 구하기 힘든 책도 정말 많이 구해주셨다. 그분을 통해 내가 정말 많이 성장하고 있었다. 그냥 글을 쓰는 작가가 아니라 사명을 가진, 의식 있는 작가를 만들어내고 계시는 것이다.

성공해서 책을 쓰는 것이 아니라, 책을 써야 성공한다! 나는 이 말이 너무나 근사하고 가슴에 꽂힌다. 그렇게 해서 나는 김 코치님에게서 책 쓰는 법을 배우게 되었다. 책의 콘셉트부터 책 제목, 목차까지 정말 이게 가능한가 싶을 정도로 세세하게 코칭해주셨다. 게다가 내가 쓰려는 주제의 경쟁도서를 직접 골라주고 분석할 수 있게 도와주셨다. 나는 책 쓰기 수업을 들으면서 아주 크게 깨달은 다음과 같은 인생의 진리가 있다.

'내가 바라는 것을 이미 이룬 것처럼 기도하고 상상하며 느껴라.'

김 코치님의 진심 어린 코칭으로 단 몇 주 만에 원고를 썼고 출판계약까지 할 수 있었다. 책을 쓰면서 정말 성공해서 책을 쓰는 것이 아니라 책을 써야 성공한다는 것을 실감하고 있다. 한책협을 만나기 전의 나의 의식과 지금의 의식은 180도로 달라졌다. 명확한 꿈이 생겼고, 지금 하는 일에 대한 사명의식도 생겨났다. 책을 쓰기 시작한 후 나는 매일매일이 즐겁고 행복하다.

나는 자주 구체적으로 내가 소망하는 것들을 생생하게 그려본다. 내 책이 전국 베스트셀러 코너에 쫙 깔린 모습을 보고, 내 책을 손에 들고 계산대로 걸어가는 많은 사람을 떠올려본다. 오랜만에 연락해 오는 반가운 지인들의 전화를 받는 모습도 그려본다.

아들은 마치 벌써 엄마의 책이 출간된 것처럼 기뻐해주었다. 나는 그때를 놓치지 않고 아들에게 같이 소망하는 것들에 대해 상상해보자고 말했다. 그때부터 아들에게 무언가 원하는 것이 있으면 이미 이룬 것처럼 생각을 하는 습관이 생겼다. 얼마나 귀엽고 사랑스럽고 또 행복한 모습으로 기도를 하는지…. 내가 정말 잘했구나 싶었다.

아이는 자신이 무언가를 걱정하고 있다는 걸 깨닫는 순간, 이미 그 일이 해결되었다고 생각하고 감사해한다. 그리고 웃으면서 걱정했던 것을 털어버리는 방법을 배웠다. "난 안 돼, 나만 안 돼"라고 생각하던 아이가 감사한 마음이 가득한 아이가 된 것이다. 어제도 자기 전에 아이가 먼저 나에게 물었다.

"엄마는 오늘 감사한 게 뭐야?" 내가 머뭇거리자 아들이 먼저 "난, 오늘 친구들이랑 재밌게 논 게 정말 감사해. 그리고 친구에게 생일선물을 줘서 행복했어"라고 하는 것이었다.

요즘에는 감사한 이야기와 함께 아쉬웠던 이야기도 한다. "아쉬웠던 건 생일선물 할 때 먹을 것도 같이 주지 못한 것이었어. 다음에는 먹을 것도 주고 싶어."

와…, 우리 아들 진짜 많이 성장했구나. 기특한 것. "그리고…." 어? 또 말할 게 있나? 아들이 뭐라고 하나 들어봤다. "내일도 친구들이랑 또 놀고 싶어."

하하. 그래. 내일 뭘 했으면 싶은지도 생각했구나.

이전에 아들에게 무언가를 간절히 바라는 마음이 영혼을 움직이는 원동력이라고 말해준 적이 있었다. 그런데 그 말을 듣고는 자신이 뭘 하고 싶은지 생각하고 말한 것이었다. 그래. 예쁜 내 아들. 난 네가 행복한 아이라는 걸 진심으로 느끼길 원했어. 그런데 너무 잘하고 있다. 고마워. 엄마가 오히려 고마워. 너로 인해 에니어그램을 알게 되었고 여기까지 오게 된 거니까.

내가 아이의 에니어그램 유형을 몰랐고, 아이의 약점을 몰랐다면 이렇게 적극적으로 또는 지속적으로 실천하지 못했을 것이다. 내 몸이 어디가 아픈지 알아야만 거기에 맞는 약을 먹을 수 있는 것처럼 내 아이의 에니어그램을 알아야만 아이의 맞춤형 육아가 가능한 것이다.

그렇다면 에니어그램으로 맞춤 육아를 하려면 어떻게 해야 할까? 가장 큰 포인트는 당연히 내 아이의 에니어그램을 아는 것이다. 하지만 평생을 느껴 온 내 성격도 에니어그램 유형을 찾을 때 헤매는데 아이의 유형이 뿅! 하고 나올 리 만무하다.

물론 에니어그램 유형의 전형적인 모습이 드러나면 쉽게 찾아질 수도 있다. 하지만 대부분 시행착오를 겪는다. 에니어그램을 공부해 본 사람들은 알 것이다. 에니어그램 유형을 찾는 과정이 바로 내 아이에 대한 공부요, 나에 대한 공부라는 것을.

내가 에니어그램 수업을 들을 때 선생님께서도 자신의 에니어그램을 찾기까지 2년이 넘는 시간이 걸렸다고 하셨다. 이렇게 몇 년 동안 자신의 에니어그램을 찾아 헤맬 수도 있는 것이다. 그렇다고 절대 포기하지 마라. 에니어그램을 아는 것은 선택이 아니라 필수다. <금쪽같은 내 새끼>에서 오은영 박사님이 '아이 기질'이라는 단어를 이야기하실 때마다 생각했다. '기질! 그래. 엄마들이 에니어그램을 알아야 해!'라고.

전화하면 에니어그램 말동무가 되어 주는 동네 엄마가 있다. 그런데 그 엄마가 항상 하는 말이 있다.

"진짜로 에니어그램을 몰랐으면, 어쩔 뻔했어. 진짜로 에니어그램을 몰랐을 때를 생각하면 애한테 미안해. 애 마음도 모르고 화만 냈던 것 같아. 그래도 지금이라도 알고 있는 게 어디야."

에니어그램의 도움을 받고 그런 경험이 모이면 어느새 에니어그램이 내 삶 속에 파고든 것을 발견할 것이다. 내 삶 속에 파고든 에니어그램 나무는 뿌리 깊은 나무로 자라 내 삶에 행복이라는 아주 큰 결실을 가져다줄 것이다. 그 결실을 내 아이와 함께, 내 가족들과 함께 나누고 있는 자신의 모습을 상상해보자. 그것이 바로 당신 모습이다.

아이의 마음부터
헤아려라

내가 지금까지 상담받고 육아 공부하고 에니어그램 공부한 것을 시험이라도 하는 냥 아들이 내게 큰 숙제를 던졌다. 아이가 초등학교 1학년 때는 아이도 어리숙하고 나도 어리숙해서 참 많이 애를 먹었다. 아이가 점심을 다 먹고 친구와 함께 학교 앞 놀이터로 빨리 나온 날이었다.

"너희들이 제일 빨리 나왔네. 다른 친구들은?"

아이의 대답을 듣기가 무섭게 같은 반 여자친구가 와서 내 아이와 아이 친구를 데리고 갔다.

"선생님이 너희들 엄청 찾으셔. 빨리 가야 돼!"

1학년이라 점심 먹고 바로 하교를 했는데, 그날도 종례 없이 바로 끝났다고 생각하고 나온 것이었다. 나는 속으로 '이거 큰일났구나' 싶었다. 그렇지 않아도 아들이 예쁨을 받는 학생이 아니었는데 아뿔싸! 나도 선생님인지라 아이들이 단체행동에서 벗어났을 때의 심정을 잘 알았다. 같이 불려 들어간 친구의 엄마와 기다리고 있었다.

시간이 지나 아이 둘이 나왔다. 친구도 차를 타고 갔고 내 아들도 차를 타고 집으로 향했다. 아이는 단단히 화가 나 있었다. 화가 나 있다는 표현이 맞나 모르겠지만 굉장히 억울해하고 힘들어하고 있었다.

"엄마, 전학이 뭐야?"

아, 전학가라는 말을 들었나 보다. 아들은 혼날 때 들었던 말과 전학이라는 단어에 상처를 크게 받은 것 같았다. 뜻은 몰라도 자기 느낌에 안 좋은 단어라는 것을 직감적으로 안 것이다. 그래서 전학은 학교를 옮기는 건데 그럴 일은 없을 거라고 안심시켜줬다. 문제는 집에서부터 일어났다.

이번 일은 슬픈 일이라기보다는 억울하고 분한 일인 것 같았다. 눈물도 흘리지 않았다. 안고 달랜다고 될 일이 아니었다. 무언가 속에 있는 걸 겉으로 강하게 표출해줘야만 할 것 같았다.

얼마나 속상하면 그럴까. 그때 눈앞에 연필이 있어서 내가 먼저 부러뜨려 보았다. 신기하게도 잘 부러지는 연필이었다. 이럴 때는 또 질 낮은 연필이 도움이 됐다.

"많이 억울하구나. 힘들지. 네가 한 행동에 비해서 너무 크게 혼난 것 같아 억울한 거야? 도저히 분을 풀기 힘들면 이 연필 부러뜨려도 돼."

아들은 바로 와서 연필을 잡더니 연필꽂이에 있는 연필을 모두 부러뜨렸다. 속으로 '이젠 괜찮을까?' 싶었지만 표정을 보니 아직도 힘들어하는 것이 보였다. 나는 커다란 종이를 펼쳤다. "그려봐. 아무거나 그리고 네 마음을 표현해봐" 말이 끝나기가 무섭게 낙서인지 그림인지 모르는 것들을 엄청나게 그어댔다. 이불에 혼자 뒹굴기도 하고 의자를 쓰러뜨리기도 했다. 다 그냥 두었다. 아니, 오히려 더 해도 된다고 했다. 아이가 위험하지 않은 선에서는 모든 것을 허락했다.

난 아들이 아직도 마음이 안 풀린 것을 보고는 고무로 만든 공을 가져왔다. 그러고는 힘껏 나한테 던지라고 했다. 아이랑 꽤 오랫동안 공을 주고받았다. 내 아들이 '피구왕 통키'가 된 줄 알았다. 내 정신은 온통 아이에게 집중됐다. 어떻게든 오늘의 일이 아이에게 가슴 깊이 남지 않게 마음을 풀어주고 싶었다.

내 마음이 통한 걸까. 그렇게 주고받다보니 아이의 말에 약간 화가 가라앉는 것이 느껴졌다. 아주 작은 변화였지만 나는 정말 기뻤다. 그 후에 조금씩 아이 말에 힘이 빠졌고 다른 이야기를 하면서 웃기도 했다. 속으로 나에게 정말 잘했다고 칭찬해줬다.

아이가 힘들어할 때는 무조건, 마음부터 헤아리자고 생각해왔다. 그리고 아이가 괜찮아지길 기다렸더니 응답이 온 것 같았다. 다른 때 같으면 "네가 잘못해서 그런 것도 있으니 조심하자"라고 했을 것이다. 그런데 아이가 워낙 격한 감정에 휩싸이는 걸 보니 정신이 바짝 차려진 것이다.

비 온 뒤에 땅이 굳는다고 하지 않았나. 아이가 이번 일을 계기로 다시는 똑같은 감정에 매몰되지 않을 거라고 느꼈다. 이 일을 계속 기억은 할 것이다. 하지만 아이는 힘이 생겼다. 당시 자신의 마음을 객관적으로 들여다보는 힘을 말이다.

이건 여담이지만 같이 혼났던 친구는 여유 있고 순한 기질이었다. 집에 가는 차 안에서 먹을 것을 주자 괜찮아졌다고 한다. 그 일을 계기로 아이마다 받아들이는 것이 정말 다르다는 것을 뼈저리게 느꼈다.

반대로 내가 아주 나쁜 엄마 짓을 했던 적이 있다. 마음을 헤아려야 하는데 마음을 이용해서 아이를 의심한 것이다. 에니어그램을 접하고 조심해야 하는 실수이다.

에니어그램을 배우면서 아이의 행동과 말, 습관 등을 보고 유형을 분석했다. 어느 정도 시간이 흐르니 이제 아들의 에니어그램을 확신하기 시작했다. 그러자 아들의 행동이 눈에 잘 보였다. 감정도 더 잘 느껴졌다.

그런데 나도 모르게 아이의 속마음을 이용하는 실수를 저질렀다.

"너 지금 엄마한테 일부러 그러지? 불쌍하게 보이려고 연기하는 거지? 엄마 다 알아."

처음에는 아이가 어떻게 알았냐고 하면서 바로 꼬리를 내렸다. 그런데 내가 같은 말을 반복하니까 나중에는 나 때문에 더 속상해했다. 엄마가 자기 말을 안 믿어 준다는 것이다. 지금까지 쌓아둔 신뢰가 와르르 무너지게 생겼다. 미안하다고 바로 사과하고 다시는 의심하지 않겠다고 했다.

그런데 이런 일이 에니어그램을 많이 아는 엄마들이 초반에 많이 겪는 일이다. 에니어그램 이야기를 좋아하는 어떤 엄마의 집에서도 이런 일이 있었다. 그래도 아이의 속마음을 알고 나니 아이가 서운해하는 이유를 금방 알아차릴 수가 있었다.

요즘에는 아이가 나의 깜빡깜빡 잘 잊어버리는 성격을 이해해주고 대신해주기도 한다. 내 성격을 잘 알아서 나에게 조언을 해주기도 한다. 서로가 서로에게 이해도 해주고 조언도 해주는 것이다.

에니어그램은 내가 그 사람을 판단하기 위한 도구가 아니다. 상대를 이해하고 공감하는 도구인 것이다. 예전에 아이가 친구들과 놀고 와서 이런 말을 했다.

"엄마, 나는 친구들 말에 상처를 잘 받는 것 같아."

"그렇구나. 네 마음을 니가 스스로 들여다볼 줄 안다는 건 진짜 훌륭한 거야. 그리고 상처를 잘 받는다는 건 또 다른 말로 이런 말도 될 수 있어. 사람마다 마음에 귀가 있거든? 상처를 잘 안 받는 사람들은 마음의 귀가 작아. 그래서 다른 사람들 말에 상처를 잘 안 받아. 너는 그 마음의 귀가 큰 거야. 그래서 다른 사람들 말이 너에게 와서 더 크게 들리고, 더 크게 느껴지는 거야. 그만큼 다른 사람의 마음도 공감할 수 있다는 거니까 좋은 거야."

아이는 내 말을 듣고는 고민이 해결되었다는 듯이 좋아했다. 지금 마음이 어떠냐고 하니까 마음이 좋아졌다고 한다. 나는 다시 한번 강조하며 아이를 안아줬다.

"넌, 마음의 귀가 큰 아이야."

아이의 속마음을 읽어주면
아이는 스스로 바뀐다

아들이 초등학교 1학년 생활을 시작할 때였다. 본격적으로 사회생활을 시작한다고 생각하니 갑자기 불안해지기 시작했다. 유치원 때와는 또 다른 느낌이었다. 좀 더 업그레이드된 불안감이랄까. 아이가 잘할 수 있을까? 친구들과 친하게 지낼 수 있을까? 선생님에게 찍히지는 않겠지? 내 머릿속은 온통 불안과 부정적인 생각으로 도배되었다.

아이의 1학년 담임선생님은 아이와 성향이 정반대되는 분이었다. 아이는 말 그대로 자유로운 영혼의 소유자였다면, 선생님은 엄격하고 꼼꼼하고 계획적인 분이셨다. 아니나 다를까. 학기가 시작되고 얼마 되지 않아 선생님에게서 전화가 왔다. 전화를 받는 손이 저절로 공손해졌다. 그뿐이랴. 나는 허리를 굽신거리고 있는 나를 발견했다.

"어머니, 아이가 많이 산만하네요. 보통 아이들보다 힘드네요. 집에서 말씀을 잘해주세요."

이런. 내가 예상한 대로였다. 유치원 선생님들도 항상 내 아이 옆에 서서 사진을 찍으셨다. 가만히 앉아 있지 않고 친구들이랑 장난을 치려고 하니 옆에서 붙잡고 사진을 찍으신 것이다.

"아. 네. 선생님. 죄송합니다. 제가 집에서 아이에게 잘 이야기하겠습니다."

초등학교 1학년의 하교 시간에는 엄마들이 아이를 맞이하기 위해 교문 앞에 서 있고는 한다. 극적인 상봉을 하는 것처럼 입가에 미소를 가득 머금고 두 팔 벌려 아이를 안아 준다. 이 얼마나 아름다운 모습인가.

나도 선생님의 전화를 받은 그 날, 아이를 기쁘게 맞이했다. 문제는 그다음이었다. 선생님의 전화 내용을 이야기하다 보니 나도 모르게 아이를 다그치고 있었다. 아이는 억울해하면서도 엄마가 무섭게 이야기하니 알겠다고 대답했다.

이후에도 여러 번 선생님의 전화를 받았다. 그때마다 이번에는 또 무슨 일인가 생각하면서도 우리 아이가 반에서 정말 힘들겠구나, 친구들이랑 잘 못 지내면 어떡하지? 공부를 잘하려면 학교에 잘 적응해야 하는데…. 그렇게 걱정은 점점 커져만 갔다.

그러던 중 아이가 어느 날 학교에 가기 싫다고 했다. 교문 앞에서 달래며 들여보내려 하자 아이는 결국 울음까지 터뜨렸다. 이제 안 되겠다 싶었다. 뭣이 중헌디! 지금 학교에 들어가서 지각 안 하는 것이 그리 중한가? 나에겐 내 아들이 중요했다. 내 아들의 마음이 중요했다.

난 내 아이의 진짜 마음을 알고 깊게 공감해주고 싶었다. "이 세상에서 내 마음을 제일 잘 아는 사람이 바로 우리 엄마예요!"라고 아들이 자신 있게 말하게 해주고 싶었다. 그날 아이는 내 품 안에서 한참을 울다가 선생님과 통화한 후 다행히 교실에 들어갔다.

요즘 TV 프로그램 중 <금쪽같은 내 새끼>가 정말 인기다. 우리 아이도 정말 좋아하는 프로그램이다. 결혼 안 한 젊은 세대부터 부모 세대, 그리고 아이들 세대까지 두루두루 애정하는 프로인 것이다. 왜 사람들은 그 프로에 열광할까? 출연한 부모와 아이의 이야기에 공감하고 오은영 박사님의 말씀에 공감하기 때문이다. 오은영 박사님은 <우리 아이가 달라졌어요> 시절부터 내가 쭉 존경해온 분이다.

그분에게서 배우고 싶은 점이 한두 가지가 아니다. 일단 얼굴에 띤 온화한 미소가 아름다운 분이다. 어떤 상황에서도 감정조절을 하시는 모습이 존경스럽다. 모든 아이와 부모 문제에 명쾌한 처방을 내리신다. 사람의 마음에 깊이 공감해주신다. 기다릴 줄 아신다. 이 모든 걸 내 것으로 만들고 싶었다. 내 아이에게 그렇게 해주고 싶었다. TV를 보다가 오은영 박사님이 미소를 띠고 출연자를 바라볼 때 나도 여러 번 따라 해봤다. 몇 분도 안 되어 꿈이 산산조각이 나긴 했지만.

아이의 1학년 담임선생님과 교실에서 상담할 때였다. 선생님은 조심스럽게 ADHD 상담을 권유해주셨다. 나 또한 직업이 교사인지라 얼마나 고민하고 말씀하셨을까 싶어 바로 알겠다고 했다. 실제로 상담 치료하는 곳을 아이와 방문했다. 다행히 ADHD는 아니었다. 하지만 아이가 기질적으로 상처를 잘 받으니 상담과 놀이 치료를 병행하면 좋겠다고 했다. 나는 남편이 반대하는데도 아이를 위해서 내가 할 수 있는 것은 이것밖에 없다고 생각하고 열심히 상담실에 다녔다.

상담선생님은 여러 가지 도움이 되는 말씀을 많이 해주셨다. 하지만 일주일에 한 번만 가는 상담과 놀이 치료로는 무언가 부족했다. 다행히 동네 도서관에서 육아 수업을 진행해 동네 엄마와 같이 다녔다. 이때부터 슬슬 내가 아이를 대할 때 어떤 태도로 말하고 행동해야 하는지 알게 되었다. 감정코칭 수업을 같은 선생님께 두 번 듣는 열의도 보였다. 수업을 들은 날은 정말 아이에게 천사처럼 말하게 된다. 약발이 떨어지면 도로 아미타불이지만.

아…. 분명히 수업을 여러 번 들으니 이론적으로는 이제 다 알겠다 싶었다. 그런데 난 여전히 내 아이를 아이 친구들과 비교하고 있었다.

'아니, 난 이렇게 열심히 육아 수업도 듣고 아이 입장에서 말하려고 노력하는데 왜 매일 우리 아이만 선생님께 혼나는 거지? 얌전한 아이의 엄마는 나처럼 수업도 안 듣고 아이의 학교생활도 크게 신경 안 쓰는 것 같던데…. 뭐가 문제일까?'

때마침 육아 수업을 해주셨던 선생님께서 에니어그램 수업을 열게 되셨다. 그때부터 나는 내 아이에 대한 진짜 공부를 제대로 시작하게 되었다. 유레카! 이거였구나!

내가 아무리 내 아이를 예뻐한다고 해도 아이가 크는 동안 언제까지나 옆에 붙어 있을 수는 없다. 아이가 스스로 자신의 마음에 대해서 생각해보고, 이해할 수 있는 기회를 가지도록 해주어야 한다. 그때, 그때 주어지는 처방을 말하는 것이 아니다. 기초부터 탄탄히 쌓이는 처방이야말로 아이에게 큰 선물이 된다.

내가 아이 속마음을 먼저 알아야 아이가 힘들어할 때 깊이 공감하며 도움을 줄 수 있다. 동시에 아이는 내 마음이 이랬구나, 이해한다. 이런 경험이 계속 쌓이다보면 결국 아이는 자신에 대해 알게 되고, 자신과 대화를 즐겁게 하며 내가 나를 잘 안다는 자신감이 생긴다. 그런 아이는 감정적으로 행복한 아이가 되고 자신이 좋아하는 일도 확신하며 찾게 될 것이다.

내 아이에게 기초공사가 탄탄한 집을 선물해야 한다. 아이는 처음엔 집에서 고치고 싶은 부분을 엄마와 함께 고칠 것이다. 그것이 익숙해지면 아이 스스로 집을 고치고 있을 것이다. 결국, 아이는 튼튼한 마음의 집을 가지게 될 것이다. 자신을 사랑하는, 중심이 바로 선 아이로 자라 있을 것이다.

엄마가 먼저 에니어그램에 관심을 가지고 아이를 관찰해보자. 아이가 어떤 말을 하거나 행동을 할 때 에니어그램 유형 중 어디에 속하는지 생각해보자. 처음부터 '이거구나' 하는 것보다, '이건가? 아니야, 이거 같은데?' 하며 헤매는 과정에서 아이를 이해하려는 마음의 내공이 자라 있을 것이다. 그 과정에서 아이와 대화를 많이 해보자. "혹시 아까 친구한테 질투가 났던 거야?" 이렇게 질문하고 대화하는 과정을 통해 아이는 엄마가 나를 이해하려고 노력하는구나 생각하게 된다. 아이도 자신의 감정에 대해 다시 생각해보게 된다.

아들이 친구들과 놀고 들어오면 긴장하던 때가 있었다. 나는 아들이 들어올 때 표정부터 살폈다.

"오늘은 재밌게 놀았어?"

내 말에 아이의 얼굴이 실룩거리기 시작하더니 울어버린다. 무슨 일이 있었구나. 속상한 일이 있었구나. 에니어그램을 알고 나서는 무조건 편안한 장소에서 시간이 얼마나 지났는지 상관없이 나는 아이를 안아 준다. 그냥 안고 아이가 괜찮아질 때까지 같이 있어 준다.

그러면 아이는 아까 어떤 마음 때문에 속상했는지 이야기해준다. 그럴 때 나는 친구에게 자신의 속상한 마음을 부드럽게 잘 표현하는 법을 알려 주고 도와준다. 이런 일을 여러 번 반복하면서 아이는 성장했다. 이제는 내가 없어도 아이 스스로 친구들에게 자신의 마음을 이야기하는 방법을 잘 안다. 그래서인지 예전보다 속상해하는 일이 많이 줄었다. 속상한 일이 생겨도 어떻게 말해야 하나 혼자 고민하고 해결하려고 한다.

이제 나는 아들에게 기분 좋게 물어본다.

"오늘도 재밌게 놀았어?"

아들은 수다쟁이가 되었다. 즐거웠던 일투성이인 하루를 스스로 만드는 아이가 되고 있는 것 같아 정말 행복하다. 에니어그램을 공부하기를 정말 잘했구나. 내가 이 세상에 태어나서 잘한 일이 있다면 그것이라고 자신 있게 말할 수 있다. 내 아들을 낳은 것과 내 아들의 에니어그램을 안 것이라고 말이다.

이 세상 모든 부모에게 말해주고 싶다. 아이의 에니어그램을 아는 순간 아이의 환한 미래도 열린다고. 아이와 함께 성장하는 부모가 될 수 있다고.

모든 사람이 혈액형처럼 자신의 에니어그램을 당연히 알게 되길 바란다.

'You can do it! We can do it!'

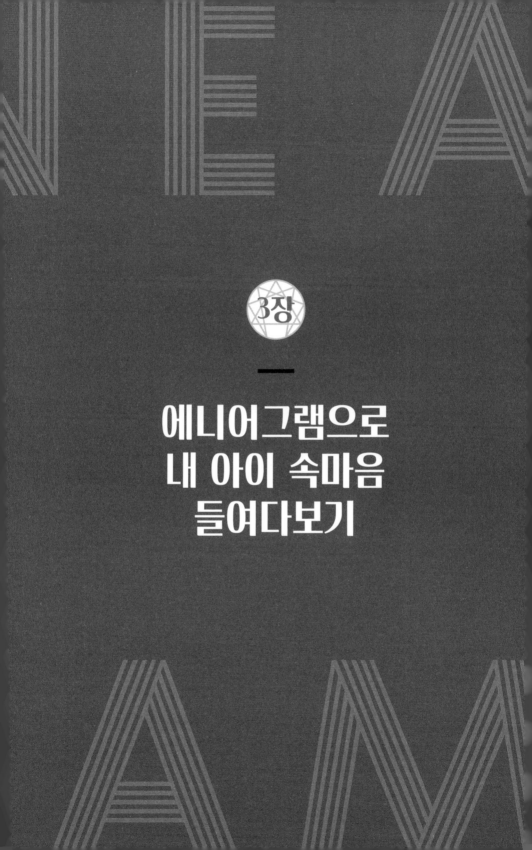

3장

에니어그램으로
내 아이 속마음
들여다보기

1유형 : 반듯한 걸 좋아하고 모든 일이 올바르게 되길 원해요

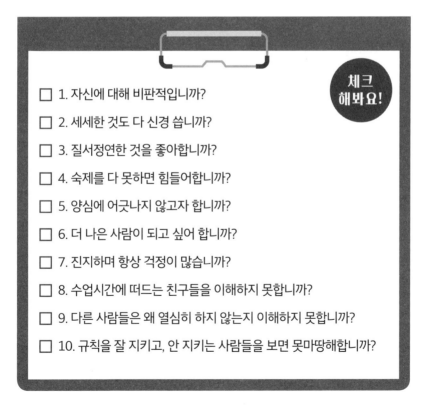

☐ 1. 자신에 대해 비판적입니까?

☐ 2. 세세한 것도 다 신경 씁니까?

☐ 3. 질서정연한 것을 좋아합니까?

☐ 4. 숙제를 다 못하면 힘들어합니까?

☐ 5. 양심에 어긋나지 않고자 합니까?

☐ 6. 더 나은 사람이 되고 싶어 합니까?

☐ 7. 진지하며 항상 걱정이 많습니까?

☐ 8. 수업시간에 떠드는 친구들을 이해하지 못합니까?

☐ 9. 다른 사람들은 왜 열심히 하지 않는지 이해하지 못합니까?

☐ 10. 규칙을 잘 지키고, 안 지키는 사람들을 보면 못마땅해합니까?

1유형의 보편적인 모습

권선징악에 의한 삶을 살려고 하고 더 나은 세상을 만들고 싶어 한다. 완벽한 사람이 되기 위해 항상 자신을 채찍질하며 노력한다. 그러나 완벽한 사람이 되지 못했다는 것에서 분노를 느낀다. 하지만 대놓고 화를 내거나 분노를 하는 것은 안 된다고 생각한다. 그래서 자신의 감정을 억누른다.

1유형의 아이는 정직하며 성실한 학생이 되고자 한다. 실제로 양심적이고 책임감이 있다. 도덕적으로 살기 위해서 자기 자신과 타협하지 않는다. 다른 사람들도 더 잘할 수 있고 또 그렇게 해야 한다고 생각한다. 그런 이유로 반에 떠들거나 말을 안 듣는 친구를 이해 못 할 수 있다.

시간 약속을 잘 지킨다. 다른 사람과의 약속은 물론이고 자기 자신과의 시간 약속도 지키려고 한다. 즉흥적으로 일을 하는 것보다 계획적으로 하기를 원한다. 정돈된 삶을 좋아하기 때문이다. 평소에 걱정이 많고 다른 사람과 자신을 자주 비교한다. 다른 사람들이 자신을 비판하거나 평가하는 것을 힘들어 한다.

자신이 하려던 일을 다 해냈을 때는 정말 기뻐한다. 학교에서 내준 과제가 있다면 졸리더라도 다 하고 자기 위해서 노력한다. 그리고 선생님이 부탁한 일이 있다면 자신에게 주어진 것 이상으로 더 해내는 경우가 많다.

지금까지 1유형의 보편적인 모습을 살펴봤다. 밑에서는 1유형을 더 세분화한 하위유형을 살펴보자. 자기보존 유형과 사회적 유형, 일대일 유형을 읽으며 아이가 많이 해당하는 유형이 있는지 살펴보자. 만약 눈에 띄는 게 있다면 1유형일 가능성이 높다. 그리고 눈에 띄는 그 유형이 아이의 하위유형이다.

자기보존 1유형

1유형 중 가장 걱정이 많은 유형으로 학교 일, 친구 일, 집안일, 식사 메뉴까지 항상 걱정하고 있다. 정돈된 삶을 원하기 때문에 계획이 바뀌면 불안해한다.

완벽한 삶을 위해 '완벽! 완벽!'을 외치는 진정한 완벽주의자다. 따라서 자신의 실수를 용납하지 못한다. 실패는 성공의 어머니라는 말은 자기보존 1유형에게는 가혹한 말이다. 한 번의 실수가 모든 걸 망친다고 생각한다. 아무리 주변에서 이제는 되었다고 말해도 본인이 세부적으로 통제가 되어야 안심을 한다.

자신의 분노를 가장 억누르는 1유형이다. 초조한 모습을 보이다가도 그 감정이 너무 커졌을 때는 화를 낼 수 있다. 하지만 곧 자신이 화를 냈다는 사실에 죄책감을 느낀다. 따라서 평소에는 반대 느낌인 따뜻한 모습을 보이며 분노를 느끼지 않으려고 한다.

내 아들 친구 중에 자기보존 1유형 아이가 있다. 그 아이의 엄마는 항상 말했다. "우리 애는 몸속에 시계가 있어요. 시간 약속이 아주 철저해요." 그리고 나를 만나면 멀리서도 일부러 와서 허리를 90도로 내리고 인사를 깍듯하게 하는 예의가 바른 아이다.

반에서 다른 친구들이 불려 나갔는데 자신도 그걸 보고 있었다는 이유로 스스로 나갔다. 반에서 떠드는 친구들을 이해하기 힘들어하고 바로 잡아주고 싶어 했다. 아들 친구들이랑 놀러 간 적이 있었는데 그때 아이가 걱정하던 것이 생각난다. 자신이 잠을 일찍 못 자서 걱정이라는 것이다. 그런데 정말 친구들은 다 자는데 혼자 잠을 몇 시간 동안 못 잤다. 아이가 걱정하는 모습이 안타까웠던 기억이 난다.

사회적 1유형

사회적 1유형 아이는 자신이 완벽하다는 것에 자신감이 있다. 가장 올바른 방법을 알고 있다고 생각하기 때문이다. 이 유형의 아이는 착하고 모범적인 아이다. 자신의 분노를 다스리려고 하고 다른 친구들의 모범이 되려고 한다.

또한 자신이 가장 최선의 방법을 가지고 있다고 생각한다. 따라서 다른 사람들이 자신의 의견에 동의하지 않을 때는 분노의 감정이 올라온다. 사회적 1유형도 자신의 분노하는 감정을 억누른다.

자기보존 1유형이 따뜻한 모습을 보이며 분노를 억누르는 것과 다르게 사회적 1유형은 차가운 모습으로 분노를 억누른다. 자기보존 1유형에 비해 세세한 것까지 완벽하게 하려고 하지 않는다. 이미 가장 옳은 방법을 알고 있다고 생각하기 때문이다.

어릴 때부터 아는 친구가 있다. 다른 친구들은 이 친구에게 의지를 많이 했다. 엄마 같은 느낌이라고 할까? 항상 그 자리에서 기다려주는 친구처럼 다른 친구들의 이야기를 들어준다. 그리고 자신의 생각을 정리해서 조언해주고는 했다. 항상 감정적이지 않고 냉철하게 판단하려고 노력하는 친구다. 자신만의 올바른 방법을 가지고 그대로 살면서 다른 사람들의 모범이 되는 친구다.

일대일 1유형

자기보존 1유형이 자기 자신을 완벽하게 하려는 것과 다르게 일대일 1유형은 다른 사람을 완벽하게 만들려고 한다. 어떻게 살아야 하는지를 자신이 정확히 알고 있으므로 다른 사람들을 변화시킬 자격이 있다고 생각하는 것이다. 자신이 옳다고 생각하기 때문에 자신을 변화시키는 것은 거의 고려하지 않는다.

소유욕이 강하며 다른 사람과 나를 비교한다. 자격이 안 되는 것 같은 사람이 나보다 잘 나가는 모습을 보면 기분이 나빠진다. 그리고 일대일 1유형은 다른 하위유형과는 다르게 분노를 참지 않는다. 화를 잘 내고 감정적이다. 또한 자신이 분노하는 것에 대한 죄책감이 적다. 오히려 분노함으로써 세상을 올바르게 만들고 있다고 생각한다.

일대일 1유형 아이가 생각난다. 평소에는 밝고 열정적인 아이다. 그런데 자신이 생각하는 것과 다르게 친구가 행동을 하면 화를 내고는 했다. 그럼 옆에 있던 친구는 상처를 받고 울었다. 화를 낼 때 폭발하듯이 화를 내서 친구들이 놀란 것이다. 친구들이 자신보다 더 멋진 옷을 입거나 돈이 많아 보이면 질투할 때가 있었다. 하지만 아이는 질투하는 마음을 드러내기보다 그 감정을 감추기 위해 더 신나게 노는 모습을 보였다.

내가 생각하는 1유형은 정말 존경스러운 사람들이다. 자기 내면 안의 기준이 바로 선 사람들로서 좋은 사회를 만들려고 하는 모습이 독립투사를 생각나게 한다. 1유형들이 있어서 이 사회가 올바른 사회가 되지 않나 싶다. 그리고 신기한 것은 1유형 친구들이 7유형인 나를 좋아하는 경우가 많았다. 자유로워 보이고 즐기는 모습이 부럽다고 했다. 난 그들의 의지와 꼼꼼함, 차분함이 부러웠다. 이렇게 서로 반대되는 성격은 서로를 부러워하나 보다.

2유형 : 도와주는 걸 좋아하고 사람들에게 환영받길 원해요

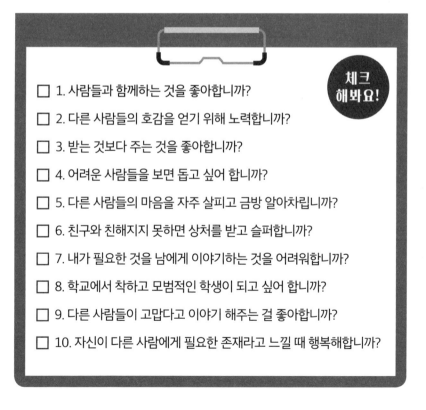

체크 해봐요!

☐ 1. 사람들과 함께하는 것을 좋아합니까?

☐ 2. 다른 사람들의 호감을 얻기 위해 노력합니까?

☐ 3. 받는 것보다 주는 것을 좋아합니까?

☐ 4. 어려운 사람들을 보면 돕고 싶어 합니까?

☐ 5. 다른 사람들의 마음을 자주 살피고 금방 알아차립니까?

☐ 6. 친구와 친해지지 못하면 상처를 받고 슬퍼합니까?

☐ 7. 내가 필요한 것을 남에게 이야기하는 것을 어려워합니까?

☐ 8. 학교에서 착하고 모범적인 학생이 되고 싶어 합니까?

☐ 9. 다른 사람들이 고맙다고 이야기 해주는 걸 좋아합니까?

☐ 10. 자신이 다른 사람에게 필요한 존재라고 느낄 때 행복해합니까?

2유형의 보편적인 모습

친절하고 따뜻한 성품으로 사람을 도와주는 것을 매우 좋아한다. 다른 무엇보다도 사람들과 함께 있는 것을 행복해한다. 자신의 감정을 부풀려서 과장되게 이야기하기도 한다. 자신이 하고 싶은 것을 포기하면서까지 도와줬는데도 상대방이 몰라줄 때는 본인에게 화가 난다.

다른 사람들의 기분을 잘 알아차리고 잘 보살핀다. 친구가 원하는 것을 들어주는 것은 잘하는데 본인이 원하는 것을 잘 요구하지 못한다. 이기적으로 보일까 봐 걱정하는 것이다. 거절을 잘못해서 자존감이 낮아보일 수 있다. 모든 게 상대에게 맞춰져 있어서 정작 나 자신의 감정을 돌보지 못한다.

2유형 아이는 어른들을 만나면 인사를 참 잘한다. 상냥하고 친절하고 행복한 얼굴을 하고 있다. 힘들어하는 사람들은 물론이고 불쌍한 동물들을 보면 도와주고 싶어 한다. 하지만 때로는 주변 사람들이 2유형의 도와주는 모습을 당연하게 생각해서 상처를 받기도 한다.

엄마, 아빠, 선생님 등의 어른들을 잘 돕고 착한 아이가 되고 싶어 한다. 2유형 아이는 자신의 원래 모습으로는 사랑받지 못한다고 생각한다. 사랑을 받기 위해서는 사람들이 원하는 친절하고 사랑스러운 이미지를 갖고자 한다. 자신의 욕구를 채우기 위해 자신의 진짜 모습을 버리게 되는 것이다. 일부러 더 밝고 행복하게 보이기 위해 노력할 수 있다.

지금까지 2유형의 보편적인 모습을 살펴봤다. 밑에서는 2유형을 더 세분화한 하위유형을 살펴보자. 자기보존 유형과 사회적 유형, 일대일 유형을 읽으며 아이가 많이 해당하는 유형이 있는지 살펴보자. 만약 눈에 띄는 게 있다면 2유형일 가능성이 높다. 그리고 눈에 띄는 그 유형이 아이의 하위유형이다.

자기보존 2유형

자기보존 2유형 아이는 다른 사람의 인정을 받고 호감을 얻고 싶어한다. 거부당하는 것에 대한 두려움이 있다. 따라서 친구에게 상처받는 것에 예민하다. 특히 친구를 기쁘게 해주려고 편지를 주거나 작은 선물을 했는데 자신의 기대보다 고마움의 표시가 적으면 화가 나고 상처 받는다.

자기 자신의 내면을 만나는 일을 다른 일을 하면서 잊어버리려고 한다. 특히 즐겁고 행복한 일을 하면서 잊어버린다. 고민이 있거나 할 때도 자신에게 선물을 준다고 생각하고 즐거운 시간을 갖는다. 맛있는 음식을 먹기도 하고 쇼핑을 하기도 하며 시간을 보낸다.

자기보존 2유형은 귀여운 모습으로 주목을 받는다. 귀여운 어린아이 같은 모습으로 다른 사람이 나를 보살펴주기를 바란다. 남을 돕는 2유형이라기보다는 호감을 얻기 위해 다른 사람을 즐겁게 해주는 2유형이다.

내가 가르치던 여학생 중에 자기보존 2유형의 아이가 있었다. 얼굴도 예쁘고 인기가 많았다. 그런데 같이 지내던 여자친구들과 트러블이 자주 일어났다. 다른 친구들 말로는 너무 귀여운 척을 하고 자주 삐진다는 것이다. 사실 평소에 잘 지낼 때는 편지도 주고받고 친한 친구들인데 마음속에 불편한 감정들이 있었구나, 하고 생각했다. 아이들끼리 서로 속을 터놓고 이야기를 하고 난 후, 이전보다 더 잘 지내게 되어 다행이었다.

사회적 2유형

항상 집단에서 중요한 사람이 되고 싶어 한다. 그리고 출세를 위해 노력하며 리더 역할을 맡고 싶어 한다. 사회적 2유형은 강력한 리더의 모습을 보여준다. 또한 자신의 전문적 지식과 유능함으로 영향력을 높이고 싶어 한다.

자신감이 있으며 자신감이 과도해 보일 때도 있다. 목표를 향해 달리며 경쟁하고 성공하고자 하는 모습이 3유형 같아 보인다. 남에게 받을 것을 정해놓고 전략적으로 주는 것을 잘한다.

2유형 중에서 좀 더 내향적이고 지적인 유형이다. 얼마나 영향력 있고 중요한 사람인지를 중요시한다. 다른 사람들로부터 존경을 받고 싶어 하고 인정을 받고 싶어 한다. 인정받고 싶은 욕구 때문에 어른이 되면 일 중독자가 될 수 있다. 집 안에서도 친절한 모습을 보이며 인정을 받고 싶어 한다. 주위 사람에게 선한 영향을 주고 싶어 한다.

학생 중에 사회적 2유형 아이가 있었다. 교무실에 편하게 들어와 선생님들을 잘 도와주었다. 그래서 교무실에 계신 선생님들과도 친해졌다. 선생님들이 도움을 받으면 고맙다고 하고 인정해주니 더 열심히 했다. 친구들 사이에서도 대표가 필요할 때는 항상 이 학생이 하고는 했다. 그런데 나중에는 너무 열심히 했는지 힘들어하기도 했다. 하지만 끝까지 책임지고 인정을 받는 아이였다.

일대일 2유형

일대일 2유형은 거부할 수 없는 매력을 가지고 있다. 특정 사람과 강한 유대감을 느끼고 싶어 한다. 자신의 매력으로 자신에게 맞춰줄 사람의 마음을 빼앗는다. 일대일 2유형에게 가장 중요한 것은 자신이 가장 좋아하는 사람의 마음을 얻는 것이다. 그 사람이 나를 챙겨주고 싶은 마음이 들도록 매력적으로 보이고 싶어 한다.

일대일 4유형과 비슷해보이기도 한다. 그러나 일대일 4유형과는 다르게 자기 자신보다 다른 사람의 기분을 맞춰준다. 또한 열정적인 성격으로 추진력이 있다. 자신의 특별함을 알고 있으며 사람에게 집착하기도 한다.

그런데 그 사람을 정말 좋아하는지 아는 것은 만나보고 나서 정확히 알게 된다. 일대일 2유형은 상대방의 이야기를 귀담아 들어주며 옷을 잘 입는다. 자신의 매력을 발산하는 방법을 아주 잘 알고 있다.

일대일 2유형 여학생이 있었다. 얼굴이 아주 미인형은 아니었지만 정말 남학생들에게 인기가 많은 학생이었다. 그 학생은 자신이 어떻게 해야 매력 있어 보이는 가를 너무나 잘 알고 있는 것 같았다. 옷도 센스 있게 입고 무엇보다 상대방의 말을 아주 경청했다. 눈에서 상대의 마음을 빼앗는 레이저가 나오는 것 같았다.

내가 보는 2유형은 사람과 참 많이 연결된 유형이라는 것이다. 그리고 같이 있으면 내가 챙겨주고 싶거나 내가 챙김을 받고 싶은 사람들이다. 한마디로 인간미가 느껴진다. 2유형의 부드러운 마음이 좋다. 그리고 기본적으로 2유형의 눈이 항상 사람에게로 향해 있다는 것이 좋다. 2유형은 세상을 따듯하고 인간적으로 만들어주는 사람들이다.

3유형 : 성취하는 걸 좋아하고
사람들에게 인정받길 원해요

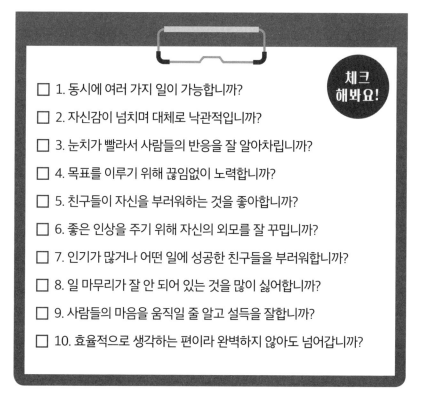

체크 해봐요!

☐ 1. 동시에 여러 가지 일이 가능합니까?

☐ 2. 자신감이 넘치며 대체로 낙관적입니까?

☐ 3. 눈치가 빨라서 사람들의 반응을 잘 알아차립니까?

☐ 4. 목표를 이루기 위해 끊임없이 노력합니까?

☐ 5. 친구들이 자신을 부러워하는 것을 좋아합니까?

☐ 6. 좋은 인상을 주기 위해 자신의 외모를 잘 꾸밉니까?

☐ 7. 인기가 많거나 어떤 일에 성공한 친구들을 부러워합니까?

☐ 8. 일 마무리가 잘 안 되어 있는 것을 많이 싫어합니까?

☐ 9. 사람들의 마음을 움직일 줄 알고 설득을 잘합니까?

☐ 10. 효율적으로 생각하는 편이라 완벽하지 않아도 넘어갑니까?

3유형의 보편적인 모습

3유형 아이는 항상 바쁘다. 무엇인가를 하고 말겠다는 생각이 있다. 스스로 높은 목표를 세우며 지는 것을 싫어한다. 항상 잘해야 한다는 경쟁의식이 높아서 쉽게 지치기도 한다. 따라서 그로 인한 스트레스 상황에 많이 놓일 수 있다.

성격이 활발하고 활기차다. 실제적이며 끈기 있게 일을 처리한다. 자신이 한 일을 칭찬받기를 원해서 열심히 한다. 또한 자신이 잘한 일을 친구들에게 이야기하기를 좋아한다. 잘하는 친구를 봐도 그 친구보다 더 잘할 수 있다고 생각한다. 친구들이 자신을 부럽게 생각했으면 하는 마음이 있다. 본인이 다른 사람들에게 멋져 보이길 원하는 것이다.

그리고 친구들에게 인기 많은 친구가 되고 싶어 한다. 친구가 자신을 자랑스럽게 생각해주기를 바라고 자신의 친구도 멋지길 바란다. 자신의 이미지에 관심이 많고 외모에 신경을 쓴다. 따라서 유행에도 민감하다. 아이인데도 외모를 잘 꾸민다. 남자아이들도 옷을 신경 쓰는 경우가 많다. 즉 남이 보는 나를 신경 쓰는 것이다. 3유형 아이는 어른이 되어서도 자신에게 맞는 브랜드를 잘 알고 있다.

3유형 아이는 나에게 유리한 것을 본능적으로 알아차리기 때문에 기회를 잘 포착한다. 또한 사람의 마음을 잘 움직인다. 어떻게 하면 난관을 해결할지 사람 마음에 집중해서 해결한다. 따라서 설득을 잘한다. 보통 엄마한테 혼날 일을 했어도 엄마의 마음을 녹게 만들거나 잘 설득해서 혼나는 상황을 피할 줄 안다. 사람들과의 마찰을 피하는 편이다.

피하는 것이 한 가지 더 있다. 자신의 감정에 대해 솔직하게 이야기하는 것을 어려워한다. 상대방의 마음을 잘 알지만, 본인의 감정은 잘 돌보지 않는 것이다.

지금까지 3유형의 보편적인 모습을 살펴봤다. 밑에서는 3유형을 더 세분화한 하위유형을 살펴보자. 자기보존 유형과 사회적 유형, 일대일 유형을 읽으며 아이가 많이 해당하는 유형이 있는지 살펴보자. 만약 눈에 띄는 게 있다면 3유형일 가능성이 높다. 그리고 눈에 띄는 그 유형이 아이의 하위유형이다.

자기보존 3유형

이 유형에 속하는 아이는 부모의 도움 없이 스스로 잘하고 싶어 하고 또 잘한다. 보통 부모님이 미처 돌봐줄 시간이 부족하다고 하면, 아이 스스로 해내려고 한다. 그래서 어린 나이일 때부터 무슨 일을 할 때, 부모님이 믿고 맡기는 경우가 많다.

돈이든 건강이든 자기 스스로 지킬 수 없는 상황을 힘들어한다. 건강이 나빠지거나 경제적으로 힘들어져서 다른 사람에게 의지하게 되는 것을 두려워한다. 안전을 확보하는 것이 중요하기 때문에 어릴 때부터 돈을 빨리 모으고 싶어 한다. 경제적으로 안정되는 것을 매우 중요하게 생각하기 때문이다.

또한 건강을 유지하는 것에 신경을 쓴다. 손이 굉장히 빨라서 일을 빠르게 한다. 그래서 효율적으로 일을 끝내는 것을 잘한다. 어른이 되면

일 중독에 빠지기 쉽다. 자신의 취미조차도 자기계발과 관련된 것들을 하기 쉽다. 다른 하위유형에 비해서 남이 보는 나를 덜 신경 쓴다. 그리고 주목받는 것을 좋아하지 않아서 3유형으로 보이지 않을 수도 있다.

내가 아는 한 아이는 부모님이 직장 때문에 집에 계시지 않아도 어린 나이에 혼자 밥을 차려 먹는 등 스스로 다했다. 그리고 내가 아는 또 다른 아이도 부모님이 맞벌이로 바쁘셨다. 병원에 갈 일이 있었는데 혼자 병원을 가는 것을 아무렇지 않게 생각할 정도로 부모도 아이를 믿고 아이도 스스로 할 줄 알았다. 두 아이 다 자립심이 높았다.

사회적 3유형

다른 하위유형보다 인정받는 것을 중요하게 생각한다. 사회적 성공을 목표로 하고 어른이 되면 기업가 정신을 제대로 보여준다. 자신의 분야에서 최고가 되어 있으며 빠르고 정확한 판단을 한다. 자신이 리더를 할 때 가장 그 팀을 잘 이끌 수 있다고 생각한다. 자신이 성공할 수 있는 공동체를 잘 찾으며 그곳에서 자신의 능력을 보여준다.

자신이 속한 곳이 어떤 모습을 원하느냐에 따라 가장 최선의 모습을 보여줄 수 있다. 축구를 한다면 그 팀에서 자신이 맡은 역할의 모범이 되고 싶어 한다. 그리고 자신의 성과에 대한 인정이 확실한 것을 원한다. 보통 이 아이들은 친구들 사이에서 리더가 된다. 친구들에게 동기부여를 하고 결단력 있는 모습을 보여준다. 효율성을 중시하고 우유부단하지 않다.

본인이 통제할 수 있는 것인지 없는 것인지를 본다. 그리고 통제하지 못하는 상황을 만들지 않기 위해 집중한다. 좋은 이미지를 중요하게 생각해서 남들의 안 좋은 말에 좌절하지만, 그 속을 밖으로 보여주지는 않는다.

내 남편의 어린 시절로 가봐야겠다. 공부를 좋아하지 않았지만, 친구들과 노는 것에는 진심이었다. 놀다가 집에 들어가면 못 나온다고 생각하고 놀다 피곤하면 바위 위에서 자다가 놀 정도였다. 학교에서의 등수는 리더가 못 되었지만, 친구들과 놀 때는 항상 리더였다. 남편은 우유부단함이 없고 자신이 선택한 일은 후회하지 않았다. 솔선수범하고 다른 사람들을 잘 설득하고 이끈다. 남편은 지금도 사회에 나가서 자신의 능력을 발휘하고 인정받고 있다. 보통 3유형 아이들이 학생 때 공부를 잘하지 못했어도 실제 사회에 나가서 능력을 발휘하는 경우가 많다.

일대일 3유형

자기보존 3유형이 안정적인 것을 원하고, 사회적 3유형이 사회적 인정을 바라는 것과는 다르게 일대일 3유형은 이성에게 매력 있게 보이는 것에 관심이 많다. 성공에 대한 관심이 다른 하위유형에 비해서 적은 편이다.

또한 하위유형 중 가장 감정적이다. 보통 마음속에 슬픈 마음을 가지고 있어서 그 마음을 잊어버리기 위해 감정을 느끼는 것을 두려워한다. 친구가 볼 때는 카리스마가 있는 반면 공감을 잘하지 못하고 차가워 보일 수 있다. 자신이 인정받는 것은 수줍어하며 다른 사람들을 지지하고 지원한다.

일대일 3유형은 어떻게 해야 이성에게 매력 있어 보이는지를 알고 있다. 사람들에게 인기를 끌어서 자신이 멋지다는 것을 확인하고 싶어 한다. 주목받기 위해 옷차림에 신경을 쓰며 다른 사람에게 좋게 보이려 힌다. 또한 내가 설득해서 뇌는 상황이 아니라면 아예 처음부터 설득을 하지 않는다.

내 아들의 친구 중 한 명이 일대일 3유형이다. 그 친구는 리더십이 있고 카리스마가 있으며 항상 친구들의 중심에 서 있다. 그 친구가 친구들 사이에 있을 때는 놀이가 더 활기가 넘친다. 하지만 놀다가 상대를 설득할 상황이 오면 바로 포기하고 그 자리를 떠나버릴 때도 있다. 그래서 친구들이 당황하는 경우도 있으나 사실 마음속은 여리다. 친구들이 자신을 어떻게 생각하는지 관심이 많으며 이성 친구에게도 매력적으로 보이고 싶어 한다.

내가 보는 3유형은 참 센스있는 이 시대가 바라는 능력자다. 그리고 여러 가지 면에서 3유형과 7유형의 닮은 점을 느낀다. 3유형도 7유형 처럼 성격이 급한 편이고 독립적인 성격이다. 3유형은 솔직하게 마음속 이 보이는 긍정적인 사람을 좋아한다. 그래서 나와 참 잘 맞는 사람들이 많다. 나는 그들이 차분하게 한발 물러서 생각하는 것과 자신의 사람을 따뜻하게 챙기는 마음이 좋다.

4유형 : 낭만적인 걸 좋아하고
자신의 섬세한 감정을 공감받길 원해요

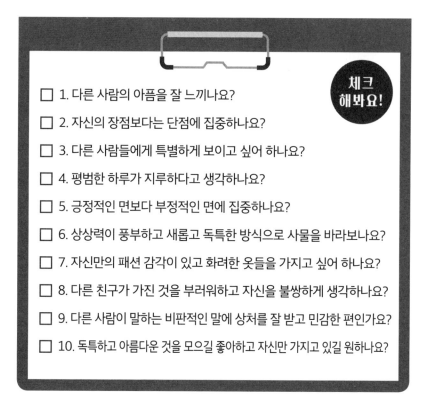

체크 해봐요!

☐ 1. 다른 사람의 아픔을 잘 느끼나요?

☐ 2. 자신의 장점보다는 단점에 집중하나요?

☐ 3. 다른 사람들에게 특별하게 보이고 싶어 하나요?

☐ 4. 평범한 하루가 지루하다고 생각하나요?

☐ 5. 긍정적인 면보다 부정적인 면에 집중하나요?

☐ 6. 상상력이 풍부하고 새롭고 독특한 방식으로 사물을 바라보나요?

☐ 7. 자신만의 패션 감각이 있고 화려한 옷들을 가지고 싶어 하나요?

☐ 8. 다른 친구가 가진 것을 부러워하고 자신을 불쌍하게 생각하나요?

☐ 9. 다른 사람이 말하는 비판적인 말에 상처를 잘 받고 민감한 편인가요?

☐ 10. 독특하고 아름다운 것을 모으길 좋아하고 자신만 가지고 있길 원하나요?

4유형의 보편적인 모습

4유형 아이는 성품이 친근하고 따듯하다. 아이지만 품위가 느껴진다. 예술적이어서 미술과 음악, 연기와 춤 같은 자신을 표현하는 활동을 좋아한다. 다른 친구들과 구별되는 자신만의 독특한 물건을 가지고 싶어한다. 자신의 물건에 자신만의 표식을 하는 것을 좋아한다. 또한 수줍음이 많으며 낭만적이다. 창의적이고 직관력이 발달했다.

자신에게는 없는데 친구에게는 있는 것을 보면 부러워한다. 정말 마음이 통하는 친구를 만나고 싶어 한다. 버림받는 것에 대한 두려움이 있다. 친구들과 같이 있어도 외롭다고 느낄 때가 있다. 과거를 그리워해서 과거에 대한 생각이나 이야기를 많이 한다. 나 자신에 대해 궁금해하고 인생의 의미를 알고 싶어 한다.

친구나 부모님을 실망시켰을 때 죄책감을 느낀다. 그럴 때 보면 우울해 보일 수 있다. 또한 다른 사람들이 화를 내면 수치심에 빠진다. 화를 낸 사람은 이런 아이의 모습을 보고 자신이 너무 했나 생각하게 된다. 이런 일이 계속 반복되면 아이는 깊은 슬픔에 빠질 수 있다. 온전히 이해받기를 원하므로 이야기를 잘 들어주는 것이 중요하다.

감수성이 풍부하고 다른 사람의 감정에 공감을 잘한다. 그래서 TV를 보다가도 슬픈 장면이 나오면 그 감정을 같이 느끼고 눈물을 잘 흘린다. 4유형이 연기를 하면 사람의 깊은 감정까지 섬세하게 표현을 잘한다. 우울할 때는 그 감정에서 빨리 벗어나고 싶어 하지 않을 수 있다. 온전히 그 감정을 느끼고 싶어 하는 것이다. 그럴 때는 가만히 아이를 두고 그냥 기다려주는 게 낫다.

지금까지 4유형의 보편적인 모습을 살펴봤다. 밑에서는 4유형을 더 세분화한 하위유형을 살펴보자. 자기보존 유형과 사회적 유형, 일대일 유형을 읽으며 아이가 많이 해당하는 유형이 있는지 살펴보자. 4유형의 하위유형 간에는 차이가 커서 쉽게 구별될 것이다. 만약 눈에 띄는 게 있다면 4유형일 가능성이 높다. 그리고 눈에 띄는 그 유형이 아이의 하위유형이다.

자기보존 4유형

이 유형의 아이는 참을성이 많다. 자신의 감정을 억누르고 감정표현을 억제한다. 마음속에 아픔을 느끼지만 극복하려고 하고 견딘다. 그렇게 하면 사람들이 알아주고 도와줄 것이며 사랑받을 수 있다고 생각하기 때문이다. 어떤 일을 잘 해내는 과정에서 다른 사람에게 자기 자신을 입증하고 싶어 한다.

사회적 4유형이 자신의 고통을 더 잘 느끼고 마음을 잘 표현하는 것과는 비교된다. 가장 4유형 같아 보이지 않는 유형이다. 자신이 충분하다고 느끼지 못하고 자신을 낮게 평가한다. 그리고 다른 친구가 가진 것을 부러워하는 대신 자신이 열심히 해서 얻기 위해 참고 노력한다.

자신의 감정을 잘 보듬어 주지 않는 대신에 다른 사람의 힘든 감정은 공감을 잘 해주고 민감하게 느낀다. 자신의 생각을 다 아는 듯이 이야기하는 사람을 보면 당황한다. 자기가 원하는 것을 가볍게 보이고 싶어 한다. 그래서 장난치는 것을 좋아하고 재밌는 모습을 보이기도 한다. 그래서 원래 성격보다 더 밝아 보이기도 한다. 하지만 누군가가 자신의 꿈과 이상을 무시하거나 바꾸려고 하면 분노를 표현할 수도 있다.

어릴 적 친구 중에 자기보존 4유형이 있었다. 어린 나이인데도 항상 고뇌하는 것이 있었고 심오한 생각들이 머리에 가득 차 보였다. 하지만 자신이 힘들어하는 것이나 고민하는 것을 쉽게 드러내지 않고 혼자 간직하는 친구였다. 그에 반해 친구들에게 재미있는 별명을 지어서 부르는 등 장난을 치는 것도 좋아했다. 인내심이 많고 생각이 깊은 친구로 기억한다.

사회적 4유형

4유형의 다른 하위유형들보다 더 민감하고 수치심을 잘 느낀다. 전형적인 4유형의 모습을 하고 있어 보통 다른 유형으로 헷갈리지 않는다. 사회적 4유형의 아이들은 괴로워하고 우울해하는 데에서 차라리 마음이 편안해진다.

다른 친구와 나를 비교한다. 이때 자신이 가지지 못한 부족한 점을 찾는다. 그리고 친구가 가진 것을 부러워하며 나는 왜 가지지 못했는가에 대해 열등감을 느낀다. 자신의 감정에 빠져서 어떤 행동을 취하는 것을 어려워한다. 그리고 자신이 힘든 일이 있으면 사람들의 눈길을 자신에게 돌리도록 만든다. 자신이 원하는 것을 표현하기를 부끄러워해서 어떤 행동을 하기보다는 내 마음이 이렇다고 하소연하는 것이다.

친구나 부모님을 실망시켰을 때 죄책감을 느낀다. 다른 사람들이 화를 내면 수치심에 빠진다. 아이는 자신에게 무언가 잘못이 있다고 생각할 때가 많다. 다른 사람, 특히 부모에게 자신의 고통을 보여주기 위해서 자신의 감정을 잘 이야기한다. 자기보존 4유형이랑 구별되는 특징이다.

내 아들이 이 유형에 속한다. 처음 이 설명을 읽고는 앞길이 막막해 보였다. 어디서부터 아이를 도와줘야 하나 생각했다. 글에도 있지만 아이는 항상 자신이 다른 친구들 보다 못났다고 생각하고 있었다.

그리고 자책을 많이 했으며 내가 조금만 화를 내도 수치심에 빠져서 슬퍼했다. 내 아들은 힘든 일이 있으면 겉으로 드러났고 자신의 심정을 고스란히 나에게 다 이야기해줬다. 친구들과 잘 놀다가도 무시당했다고 생각했을 때는 많이 힘들어했다. 이런 아이의 성격을 알고 나서는 아이가 힘들어할 때마다 둘이 이야기하고 같이 노력했다. 하나씩 그리고 조금씩…. 지금은 아이의 성격이 많이 밝아졌고 무엇보다 자신의 성격을 이해하고 있어서 기특하다.

일대일 4유형

일대일 4유형의 아이는 자신의 고통을 다른 사람에게 옮겨서 표현한다. 자기보존 4유형이 고통을 참고 사회적 유형이 고통을 온전히 느끼는 것과 다른 모습이다. 괴롭고 고통스러운 마음이 들면 그 마음을 없애기 위해서 다른 사람을 고통스럽게 만드는 것이다.

다른 하위유형과는 다르게 수치스러워하지 않는다. 오히려 다른 사람에게 자신이 원하는 것을 당당하게 표현한다. 다른 사람이 자신이 원하는 것을 안 해주면 화를 낼 수 있다. 난 받을 자격이 충분하니 당연히 상대방이 해줘야 한다고 생각하고 있다.

다른 사람보다 내가 더 낫다는 우월감이 있어서 거만해 보일 수 있다. 질투가 많고 경쟁심이 있어서 최고가 되고 싶어 한다. 감정적이고 극적이다. 4유형의 다른 하위유형에 비해서 자기주장이 강하고 화를 잘 내는 편이다. 로맨티스트고 다양한 분야에 소질이 있어 재주가 많은 편이다.

내가 아는 일곱 살짜리 아이가 있었는데 정말 공주님 같았다. 외모도 그렇지만 어른들도 아이를 공주처럼 대해줬다. 저절로 그렇게 되는 것 같았다. 아이는 품위 있어 보였고 자기주장을 잘했다. 수치심이 겉으로 드러나지 않아 다른 유형으로 착각되기까지 했다. 친구들과 놀다가 질투를 잘해서 몇 번 문제가 생기기도 했다. 나는 아이의 마음을 알았지만, 친구들은 그 친구를 부담스러워하는 것 같아 안타까웠다.

내가 생각하는 4유형은 자신만의 세계가 있는 매력적인 사람들이다. 7유형인 내가 아무리 노력해도 가질 수 없을 것 같은 분위기가 있다. 보통 연예인 중에도 분위기 갑인 연예인들이 있는데 4유형이 참 많다. 워낙 감정표현이 섬세하다 보니 예술적인 사람들이 많다. 나는 그들의 어깨가 처져 있을 때, 끌어안아 주고 싶다. 그런 연민이 느껴지는 유형이 4유형이다.

5유형 : 관찰하는 걸 좋아하고
자신의 시간과 공간이 지켜지길 원해요

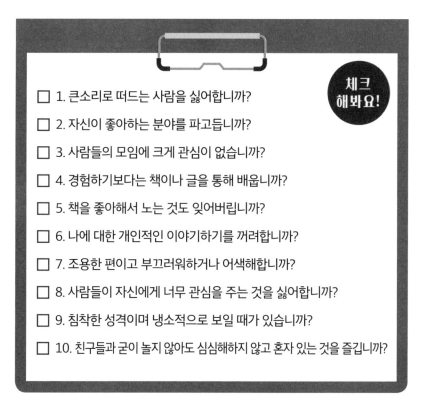

체크
해봐요!

- [ ] 1. 큰소리로 떠드는 사람을 싫어합니까?
- [ ] 2. 자신이 좋아하는 분야를 파고듭니까?
- [ ] 3. 사람들의 모임에 크게 관심이 없습니까?
- [ ] 4. 경험하기보다는 책이나 글을 통해 배웁니까?
- [ ] 5. 책을 좋아해서 노는 것도 잊어버립니까?
- [ ] 6. 나에 대한 개인적인 이야기하기를 꺼려합니까?
- [ ] 7. 조용한 편이고 부끄러워하거나 어색해합니까?
- [ ] 8. 사람들이 자신에게 너무 관심을 주는 것을 싫어합니까?
- [ ] 9. 침착한 성격이며 냉소적으로 보일 때가 있습니까?
- [ ] 10. 친구들과 굳이 놀지 않아도 심심해하지 않고 혼자 있는 것을 즐깁니까?

5유형의 보편적인 모습

관찰을 잘해서 다른 사람이 미처 보지 못한 것을 발견한다. 집중이 필요한 일들을 잘한다. 한 분야의 전문가가 되어 있는 경우가 많다. 신중하기 때문에 자신의 결과물을 세상에 내놓기까지 시간이 오래 걸린다. 많은 사람 앞에서 발표하는 것을 힘들어한다. 평소에 두려운 마음을 들키고 싶지 않아서 무표정을 많이 하고 있다.

호기심이 많고 생각이 많다. 책을 읽거나 수집을 잘한다. 친구들을 만나도 여럿이서 만나는 것보다 둘이 노는 것을 선호한다. 또한 친구 없이도 책을 읽거나 자신이 좋아하는 일을 하며 잘 논다. 부모는 아이가 친구가 없는 것 같아 외롭지 않을까 걱정한다. 하지만 5유형 아이가 진짜 원하는 것은 자신이 하고 싶은 것을 자기 공간에서 마음껏 편하게 하는 것이다.

5유형 아이는 보통 조용한 성격이다. 자기 자신에게 관심을 두면서 주위 환경의 영향을 덜 받으려고 한다. 사람들이 감정이 격해져서 싸우는 것을 보면 힘들어한다. 큰소리를 들으면 자신이 침해당하고 통제받는다고 느끼기 때문에 싫어하는 것이다. 그리고 항상 자신의 공간을 중요하게 생각한다.

말수가 적으며 객관적이고 실속있다. 물질적인 것에 크게 관심이 없어 최소한만 가지고도 살 수 있다. 보통 수수하고 편한 복장을 좋아한다. 사람의 감정보다는 지식 탐구하는 것을 좋아한다. 감정에서 잘 분리해서 생각하기 때문에 과학 같은 분석 분야에 유리하다. 하지만 지나치게 분석적인 성격인 경우, 사람들과의 관계를 많이 힘들어한다. 별난 유머 감각으로 갑자기 예상치 못한 웃음을 주기도 한다.

지금까지 5유형의 보편적인 모습을 살펴봤다. 밑에서는 5유형을 더 세분화한 하위유형을 살펴보자. 5유형은 다른 유형들에 비해서 하위유형 간의 차이가 크지 않다. 자기보존 유형과 사회적 유형, 일대일 유형을 읽으며 아이가 많이 해당하는 유형이 있는지 살펴보자. 만약 눈에 띄는 게 있다면 5유형일 가능성이 높다. 그리고 눈에 띄는 그 유형이 아이의 하위유형이다.

자기보존 5유형

5유형의 하위유형 중 가장 따뜻한 유형이다. 그리고 가장 보편적인 5유형에 가까운 유형이다. '이불 밖은 위험해'라는 말이 잘 어울린다. 자기보존 5유형은 자신에 대해 이야기하는 것을 좋아하지 않는다. 그래서 친구들이나 다른 어른들이 사생활에 대해서 물으면 저만치 떨어져 걷는 아이를 발견할 것이다. 하지만 진짜 친한 친구와는 깊은 관계를 유지해서 깊이 친해진다.

누군가가 자신한테 부탁해오는 것을 부담스러워한다. 그리고 자신도 남에게 부탁하는 것을 싫어한다. 필요한 것들은 이미 자신의 공간에 모아놓을 것이다. 마치 겨울잠 자기 전 다람쥐의 모습이 떠오른다. 내가 이미 가지고 있는 것을 지키고 보존하는 데 신경을 쓴다.

물질적인 것에 관심이 없어 다른 아이들에 비해 장난감도 없다. 아니

필요로 하지 않는다. 오히려 이 아이들은 집에서 읽을 수 있는 책이 필요할 것이다. 그리고 꼭 자신만의 공간이 있어야 한다. 어느 순간이든 내가 들어가서 쉴 수 있고 집중할 수 있는 공간이 있어야 한다. 다른 사람이 그 공간을 침범하는 것은 자기보존 5유형에게 큰 스트레스다.

내 아들 친구 중에 조용하고 내성적인 친구가 있다. 아이인데도 어른스럽고 참 차분하다.아이와 둘이 있는 상황이 있어서 학원 이야기도 물어보고 대화를 했다. 아이 표정은 거의 무표정이라 평소에 생각을 읽기가 쉽지 않았다. 그런데 지금 생각해보면 아이는 얼른 대답하고는 저 멀리 뛰어갔다. 불편했던 것이다. 다른 사람들은 친해지기 위해서 꺼내는 말도 이 아이들한테는 부담이 될 수 있는 것이다.

사회적 5유형

5유형의 다른 하위유형에 비해서 외향적이다. 사회적 야망이 있어서 집단 내에서 지위에 신경을 쓴다. 자신의 기준에 흥미로운 사람이 보이면 따르고 싶어 한다. 그리고 그 사람이 속한 집단의 계급구조를 잘 파악한다. 사회적 포부가 커서 전문인이 되거나 전문가 집단의 구성원이 되고 싶어 한다.

가족, 친구같이 가까운 관계보다 관심이 같은 사람들과의 만남을 더 편하게 생각한다. 즉 지식을 공유하면서 생기는 관계를 더 중시하는 것이다. 그런 만남을 더 편하게 생각하는 이유는 그들과는 거리 유지가 가능하기 때문이다. 하지만 가족, 친구 등 가까운 관계는 속마음을 더 드러내야 해서 부담을 느낄 수 있다.

이 유형에게 특히 에니어그램이 도움이 된다. 다른 사람들을 감정적으로 더 이해할 수 있는 지혜와 지식을 주기 때문이다. 사회적 5유형은 친구들이 이야기하는 일상적인 이야기에는 관심이 없다. TV 이야기나 연예인 이야기 같은 이야기는 쓸모없다고 생각한다. 오히려 그 시간에 집에서 책을 읽는 것이 낫다고 생각한다.

내 사촌은 어렸을 때부터 공부하는 것을 좋아하고 똑똑했다. 감정적으로 흥분을 하거나 화를 내는 모습을 본 적이 없다. 그리고 취업한 회사도 전문적인 기술이 요구되는 과학기술 분야 회사에 취직했다. 그리고 무슨 동호회의 회장이 되었다고 해서 무슨 모임이냐고 물어봤다. 보드게임을 좋아하는 사람들을 모아서 모임을 만들었다고 한다. 자신과 같은 관심사를 가진 사람과의 모임을 중요하게 생각한다는 것이 느껴져서 참 신기했다.

일대일 5유형

다른 5유형의 하위유형과 구별되는 특징이 있다. 감정적으로 민감하고 강렬하다는 것이다.

자신의 욕구를 더 많이 표현할 줄 안다. 그리고 상상력이 풍부하고 낭만적인 성격이다. 그 과정에서 예술적인 작업으로 자신의 감정을 표현한다.

친구, 배우자로 특별한 사람을 만나고 싶어한다. 특별한 사람이란, 서로의 마음속을 다 보여줄 정도로 믿음이 가는 사람을 말한다. 신뢰가 갈 때까지 상대방한테 여러 가지 요구를 할 수 있다. 이성 친구나 배우자가 개인적인 문제를 자신한테 먼저 이야기해주기를 바란다. 보통은 자신이 바라는 완벽한 사람이 없다는 것에 힘들어한다.

자신이 매력이 없다고 생각하고 이성 친구에게 거절당할 것 같아 두려워한다. 하지만 한번 만나겠다고 마음을 먹으면 끝까지 포기하지 않는 성격이기도 하다. 자기보존 5유형이 가진 것을 지키는 느낌이라면 일대일 5유형은 거꾸로 내놓으려는 느낌이다. 다른 사람은 모르는 정보, 자신만 아는 정보가 있을 때 굉장히 좋아한다. 그리고 그 정보를 가까운 사람에게 몰래 말하고 암호를 만들어서 사용하기도 한다.

중학생인데도 사회문제에 관심이 많은 학생이 있었다. 자신의 소신이 강하고 생각이 많았다. 평소에 시를 쓰거나 글을 쓰는 걸 좋아했다. 그 학생이 좋아하는 여학생이 있었는데 오랜 시간 동안 말을 못 하고 혼자 고민하는 것이 보였다. 평소에는 허무주의적인 생각에 집중하는 일이 많았고 신념이 강한 학생이었다.

내가 보는 5유형은 하위유형이 모두 자기보존 유형처럼 느껴질 정도로 차분해보인다. 5유형의 매력이다. 내가 워낙 외향적인 성격이다보니 정반대의 모습이 나타나는 5유형만의 장점이 잘 보인다. 이성적이고 객관적으로 바라보는 모습, 자신의 소신을 굽히지 않는 모습이 멋있다. 한 분야의 전문가가 많다는 것도 존경스럽다.

6유형 : 예측 가능한 걸 좋아하고
안전하게 보호받기를 원해요

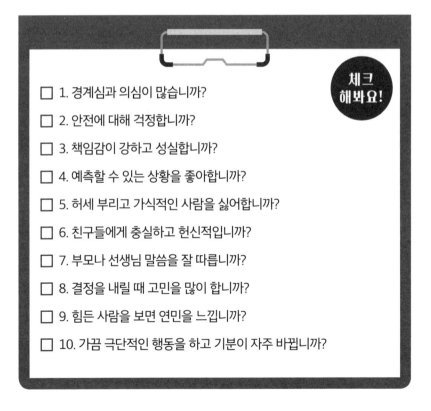

체크 해봐요!

☐ 1. 경계심과 의심이 많습니까?

☐ 2. 안전에 대해 걱정합니까?

☐ 3. 책임감이 강하고 성실합니까?

☐ 4. 예측할 수 있는 상황을 좋아합니까?

☐ 5. 허세 부리고 가식적인 사람을 싫어합니까?

☐ 6. 친구들에게 충실하고 헌신적입니까?

☐ 7. 부모나 선생님 말씀을 잘 따릅니까?

☐ 8. 결정을 내릴 때 고민을 많이 합니까?

☐ 9. 힘든 사람을 보면 연민을 느낍니까?

☐ 10. 가끔 극단적인 행동을 하고 기분이 자주 바뀝니까?

6유형의 보편적인 모습

6유형의 아이는 모든 것을 걱정하고 대비하고 싶어 한다. '돌다리도 두들겨 보자'라는 말이 잘 어울린다. 그래서 질문이 많을 수 있다. 권위 있는 사람을 보면 긴장을 하고 충성을 한다. 집안에서 부모가 폭력을 쓰거나 너무 염려하는 경우 아이의 불안이 더 커질 수 있다. 보통 부모님이나 선생님의 말씀을 잘 듣는 모범적인 아이들이 많다. 두려움을 많이 느끼며 때로는 공격적이고 신경질적인 모습도 보인다. 모두 안전에 대한 욕구가 커서 나오는 모습이다.

안전에 대한 욕구로 인해 공포 대항의 모습이 나오기도 하고 공포 순응의 모습이 나오기도 한다. 공포 대항 6유형은 권위에 순응하지 않고 자신의 주장을 강하게 펼쳐서 용감하게 맞서기 때문에 8유형으로 착각할 수 있다. 공포 순응 6유형은 자신의 가족과 친구들에게 헌신적이며 책임감이 있다.

문제가 생기면 공포 대항 6유형은 짜증을 잘 내고 저돌적이 된다. 공포 순응 6유형은 불안해 한다. 즉, 6유형은 자신이 안전하지 않다고 느낄 때 자신이 강하다고 느끼거나(공포 대항), 다른 사람의 보호를 받으려는(공포 순응) 모습을 보이는 것이다. 대부분의 6유형은 공포 대항과 공포 순응의 모습을 함께 보인다.

6유형은 어떤 집단에 속해서 소속감을 느끼면 편안해한다. 학교에서 입는 교복같이 통일감을 주는 것을 좋아한다. 무슨 일을 시작할 때 생각이 많다. 그래서 결정할 때까지 시간이 오래 걸린다. 일이 잘못될 가능성 모두를 따져 봐야 하기 때문이다. 하지만 한번 내린 결정은 끝까지 밀고 나간다.

6유형 아이는 사람들이 자신에게 어떤 일을 시키려고 아부하는 것을 잘 알아차린다. 거짓말을 하고 뒷이야기를 하는 것을 최악으로 생각한다. 항상 진실을 듣고 싶어 하며 모든 것이 명확했으면 한다.

지금까지 6유형의 보편적인 모습을 살펴봤다. 밑에서는 6유형을 더 세분화한 하위유형을 살펴보자. 자기보존 유형과 사회적 유형, 일대일 유형을 읽으며 아이가 많이 해당하는 유형이 있는지 살펴보자. 만약 눈에 띄는 게 있다면 6유형일 가능성이 높다. 그리고 눈에 띄는 그 유형이 아이의 하위유형이다.

자기보존 6유형

이 유형에 속하는 아이는 보통 공포 순응형에 속하며 다정하고 온화하다. 다른 사람들에게 도움을 줄 기회를 얻어서 자신을 좋아하게 만들고 싶어한다. 그래서 따뜻하고 친절한 모습을 보인다. 상대방이 화가 나지 않게 해서 내가 공격받을 일을 없애는 것이다. 이 유형의 아이는 항상 보호받고 있다는 느낌을 원한다.

친구에게 화가 나도 어쩔 수 없이 착하게 대할 수 있다. 안전한 느낌을 원하기 때문에 사람들과의 관계에서 동맹을 추구한다. 친구와의 동맹이 깨지는 것은 매우 불안한 일이다. 집이나 학교에서도 누가 가장 권위가 있는지를 본다. 그리고 그 사람이 나를 어떻게 생각하는지를 신경 쓴다. 이 모든 것은 내가 안전하다는 느낌을 얻기 위해서다.

두려움 때문에 자신을 믿기 어려워 한다. 따라서 자신이 믿을 수 있는 누군가에게 의지하고 싶어 한다. 모든 걸 의심하기 때문에 확실한 느낌을 원하는 것이다. 이 유형은 2유형과 헷갈릴 수 있다. 하지만 2유형이 다른 사람들의 인정을 받기 위해서 친절하다면, 자기보존 6유형은 안전하기 위해서다.

내 아들 친구 중에 정말 부드러운 성격의 아이가 있다. 이 아이는 정말 다른 친구들에게 싸움을 거는 것도 못 봤고 어떤 친구와도 갈등을 일으키지 않았다. 그 친구의 엄마는 아이가 착한 것은 좋은데 너무 성격이 순해서 걱정이라고 했다.

그리고 놀이터에서 놀 때 친구들이 위험해보이면 항상 어른들에게 와서 상황을 보고하고는 했다. 엄마는 그런 아들이 고자질하는 것 같아 불편해했지만 나는 그 아이가 항상 안전을 확인하고 싶다는 것을 알기 때문에 오히려 기특했다.

사회적 6유형

이 유형은 공포 대항과 공포 순응의 모습이 혼합되어 나타난다. 따라서 자기보존 6유형보다 좀 더 자신만의 생각이 확고하다. 어떤 기준, 규칙, 규율을 따르려 한다. 원칙, 지침, 시스템, 참고사항, 법칙 등을 지킴으로써 마음이 편해진다. 애매모호하거나 불확실한 것을 보면 두렵고 불안해지기 때문이다. 이런 생각이 강해지면 그 규칙만 맹신하는 모습을 보인다.

　사람들은 이 유형을 보고 순종적이고 냉철하고 지적이라고 느낀다. 또한 이 유형의 특징이 자기 자신보다 조직을 더 우선시한다는 것이다. 자신의 의무를 성실히 하고 조직 안에서 규칙을 잘 따른다.

　아이들의 경우에는 학교에서 담임선생님 말씀을 잘 듣는다. 그리고 학교의 규칙을 잘 지키며 자신의 의무를 다하는 아이들이다. 집에서도 부모님 말씀을 잘 듣고 집에서 정한 규칙을 스스로 지킨다.

　내 아들 친구 중에 모든 엄마들이 부러워하는 아이가 있다. 공부도 잘하고 스스로 숙제도 잘한다. 그렇다고 집에만 있지도 않는다. 친구들이랑 노는 것도 좋아한다. 친구들이랑 놀 때 친구가 규칙을 잘 안 지키는 경우가 있거나 하면 본인이 나서서 조율한다.

　그렇다고 자신이 리더가 되어 나서는 것은 좋아하지 않는다. 놀다가도 부모님이 부르시거나 정해진 시간이 되면 바로 들어간다. 한마디로 어른들이 보기에 바람직하다고 생각할 유형이다.

일대일 6유형

　이 유형에 속하는 아이는 보통 공포 대항형에 속한다. 따라서 두려움에 맞서는 유형으로 자기보존 6유형과 사회적 6유형과는 분위기가 다르다. 공포 대항형은 공격적이고 용감하고 힘이 강해보인다. 그러나 진짜 마음은 두려움을 이겨내기 위해서 맞서 싸우는 것이다. 일대일 6유형이 축구 감독이 된다면, '공격이 최고의 수비!'라고 외칠 것이다.

이 유형은 강하고 매력적으로 보이려고 한다. 여자는 강하게 나가기보다 아름다움을 이용해서 자신을 보호하기도 한다. 대부분 자신만을 믿고, 다른 사람을 잘 신뢰하지 못한다. 그래서 항상 다른 사람의 공격적인 신호를 읽기 위해 사람들을 경계하고 있다. 모임에 가서도 다른 사람들이 편하게 어울릴 때, 이 유형은 마음속에 경계를 풀기까지 시간이 필요하다.

친구들끼리 이야기를 할 때 두 가지 의견으로 나뉘면 반대 의견을 선택한다. 논쟁하기를 좋아해서 친구들이 말하는 의견과 반대로 이야기하는 것이다. 일대일 6유형을 8유형과 헷갈릴 수 있다. 하지만 8유형은 두려움이 없고 6유형은 두려움이 있다. 6유형은 두려움에 의해 공격적으로 보이는 것이다.

학생 중에 친구들과 항상 반대 의견을 내는 아이가 있었다. 친구들이 이유를 물어보면 사실 본인도 확고한 것 같지는 않았다. 어떤 선택이 옳은 것인지 보다는 친구들의 반대 입장에 서서 이야기를 하는 느낌이 들었다. 그리고 친구들이 접근하지 못하는 포스 같은 것이 있었다. 자신의 책임을 다하기 위해 노력했으며 싸움을 엄청 잘한다는 소문도 있던 학생이었다.

내가 보는 6유형은 믿을 수 있다는 느낌이 강하다. 즉 신뢰가 가고 성실하다는 이미지다. 하위유형마다 느낌이 정말 달라서 구별이 잘 되는 편이다. 자기보존 6유형은 일대일 7유형인 나와 잘 맞는 느낌이었다. 내 유머를 잘 받아줘서 편했다. 그리고 사회적 6유형은 법 없이도 살 것 같은 느낌으로 신뢰가 간다. 일대일 6유형은 카리스마와 시원시원한 성격 이면의 여린 속마음이라는 반전 매력이 있다.

7유형 : 재밌는 걸 좋아하고 새로운 것에 열정을 쏟길 원해요

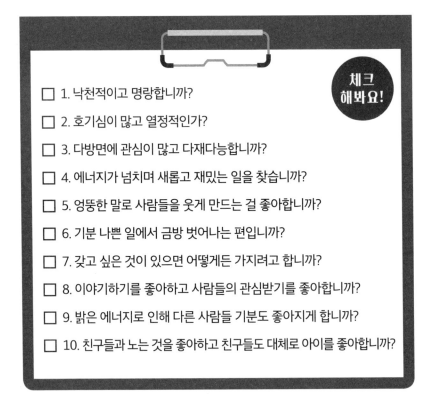

체크 해봐요!

- ☐ 1. 낙천적이고 명랑합니까?
- ☐ 2. 호기심이 많고 열정적인가?
- ☐ 3. 다방면에 관심이 많고 다재다능합니까?
- ☐ 4. 에너지가 넘치며 새롭고 재밌는 일을 찾습니까?
- ☐ 5. 엉뚱한 말로 사람들을 웃게 만드는 걸 좋아합니까?
- ☐ 6. 기분 나쁜 일에서 금방 벗어나는 편입니까?
- ☐ 7. 갖고 싶은 것이 있으면 어떻게든 가지려고 합니까?
- ☐ 8. 이야기하기를 좋아하고 사람들의 관심받기를 좋아합니까?
- ☐ 9. 밝은 에너지로 인해 다른 사람들 기분도 좋아지게 합니까?
- ☐ 10. 친구들과 노는 것을 좋아하고 친구들도 대체로 아이를 좋아합니까?

7유형의 보편적인 모습

7유형 아이는 매우 긍정적이다. 웬만해서는 처져 있는 모습을 보기 어렵다. 명랑한 성격이어서 조잘조잘 이야기하는 것도 좋아한다. 그리고 다른 친구들에 비해 말이 빠른 아이가 많다. 새로운 재주를 익히는 것도 좋아한다. 따라서 다재다능하며 여러 가지를 조금씩 잘한다.

유쾌한 성격으로 세상의 모든 것을 즐기고 싶어 한다. 하고 싶은 것이 많기 때문에 뺀질이 같이 할 일을 안 하기도 한다. 7유형 아이는 특히 지루한 것을 못 견딘다. 한자리에 있는 것을 어려워하기 때문에 산만해 보인다. 여러 가지 선택사항 중에 결정하는 것을 힘들어 한다. 한가지 선택을 하면 내 자유가 줄어든다고 생각하기 때문이다.

비슷한 이유로 사람들로부터 구속받는 것을 너무 싫어한다. 항상 자유를 꿈꾼다. 빨리 어른이 되고 싶어 한다. 에너지가 넘치는 열정적인 아이들이다. 호기심이 많아서 질문이 많을 수 있다. 또한 친구들과 노는 것을 좋아하며 모험을 즐긴다. 삶은 재미있는 것이라고 생각하고 항상 재미있는 것을 찾아다닌다. 삶을 즐기고 있는 것처럼 보인다.

7유형 아이는 상상력이 풍부하다. 사람들은 7유형 아이를 보면 엉뚱한 생각을 많이 한다고 생각한다. 스스로 멋진 사람이라고 생각한다. 따라서 사람들이 자신을 응원하고 있다고 느낀다. 친구들도 아이를 대체로 좋아한다. 다양한 것에 관심이 있다 보니 다양한 지식을 가지고 있는 아이들이 많다. 생각이 끊임없이 움직이며 계획을 세우는 것을 좋아한다.

자신이 원하는 것을 포기하는 걸 어려워한다. 즉, 갖고 싶은 것은 어떻게 해서든 얻어내려고 한다. 기분 나쁜 일에서 금방 벗어나는 성격이다. 에너지가 밝기 때문에 다른 사람 기분도 좋아지게 한다. 그리고 엉뚱한 말을 해서 사람들을 웃기는 걸 좋아한다. 한마디로 재미있는 걸 좋아하고 새로운 것에 열정을 쏟길 원하는 아이들이다.

지금까지 7유형의 보편적인 모습을 살펴봤다. 밑에서는 7유형을 더 세분화한 하위유형을 살펴보자. 자기보존 유형과 사회적 유형, 일대일 유형을 읽으며 아이가 많이 해당하는 유형이 있는지 살펴보자. 만약 눈에 띄는 게 있다면 7유형일 가능성이 높다. 그리고 눈에 띄는 그 유형이 아이의 하위유형이다.

자기보존 7유형

7유형의 다른 하위유형에 비해서 가족을 중요하게 생각한다. 가족 중에 힘든 경우가 있으면 가족들을 즐겁고 행복하게 만든다. 유머 감각이 뛰어나서 친구가 많다. 친구들을 즐겁고 행복하게 만들어 준다. 정신없는 행동으로 사람들을 웃기는 것보다 태연해보이면서 웃기는 사람들이 많다. 그래서 더 웃겨 보인다.

긍정적이어서 긍정적인 친구를 좋아한다. 그리고 친구들과 네트워크를 형성하는 것을 중요하게 생각한다. 즉, 내가 중요하게 생각하는 사람들로 팀을 결성한다. 서로 도움을 주고받는 사이라고 생각한다. 즐겁고 좋아하는 것들에 집착하고 계획 세우는 것을 좋아한다.

다른 하위유형에 비해 현실적이고 계산적이어서 자신이 원하는 것을 잘 이룬다. 나에게 무엇이 이익인지를 잘 알고 기회를 잘 찾는 것이다. 하지만 이런 모습들이 다른 친구들에게 이기적으로 보일 수 있다. 일대일 7유형에 비해서 잘 속지 않는 면들은 자기보존 7유형이 3유형으로 보일 수 있게 한다. 여러 가지 면에서 일대일 7유형과 비교가 많이 되는 유형이다.

실제로 내가 아는 학생은 처음에 3유형으로 보였다. 친구들 사이에서 손해보는 일이 없었으며 눈치 빠르게 친구들과 잘 지냈다. 굉장히 야무진 아이였다. 친구들을 웃기기를 좋아하고 친구들도 그 학생을 좋아했다. 친구들과 놀면서도 공부도 잘해서 손해보는 거 없이 다 잘하는 분위기의 학생이었다.

사회적 7유형

매우 순수해 보이는 성격이다. 단순해 보이며 밝은 성격이다. 다른 사람에게 봉사하는 것을 좋아하고 실제로 남을 잘 도와준다. 어떻게 보면 2유형보다 더 2유형처럼 보인다. 기회주의적인 모습을 싫어하고 갈등을 피한다. 남에게 싫다고 이야기하는 것을 어려워 한다. 돈을 내야 하는 상황이 생기면 먼저 내는 경우가 많다. 그 상황이 어색하기 때문이다.

사회적 7유형이 은근히 깊은 관계가 힘든 경우가 있다. 즉, 사회적 7유형으로부터 도움도 많이 받고 너무 사람이 좋은데 끈끈한 무언가가 없는 느낌이 든다는 것이다. 본인이 하고 싶은 것이 있어도 '내가 안 하는 게 낫다'라고 생각한다. 사실은 본인도 하고 싶은데 그 마음을 억누르는 것이다. 오히려 그런 마음이 들수록 다른 사람에게 양보한다. 또한 가족을 위해 자신을 희생한다. 다른 사람들이 자신을 선하고 좋은 사람으로 봐주기를 원한다.

내 친구 중 항상 밥을 먹으면 본인이 돈을 내려고 하는 친구가 있었다. 친구들이 괜찮다고 해도 굳이 본인이 내서 나중에는 안 되겠다 싶었다. 그래서 밥을 먹기 전에 미리 돈을 더치페이하자고 확인을 받고서 함께 먹기도 했다. 친구들에게 항상 선한 모습을 보여주는 친구다.

그리고 주변에 불쌍한 강아지들을 보면 그냥 지나치지 못하는 친구였다. 하지만 7유형이기 때문에 항상 구속받는 걸 싫어하는 자신을 알지만 결국에는 희생하는 모습을 보인다. 나는 그런 모습을 알기 때문에 그 친구에게 더 잘 해주고 싶었다.

일대일 7유형

이 아이들은 크리스마스 같은 이벤트를 좋아하며 순진한 마음으로 빠져든다. 어른이 되어서도 이런 이벤트를 좋아한다. 평범해 보이는 현실보다 더 멋진 세상을 보고 싶어 한다. 다른 사람들이 볼 때 매우 밝고 열정적이며 걱정 없어 보인다. 좋아하는 사람이 생기면 모든 것이 좋아 보인다. 세상의 좋은 점만 보려고 한다.

혹시 모르게 나를 힘들게 할 수 있는 일에는 관심을 잘 두지 않는다.

'난 럭키맨!'이라고 생각하며 자신감이 높다. 나는 무엇이든 할 수 있다고 느낀다. 그리고 이 세상은 즐거운 곳이며 다양한 기회가 있다고 생각한다. 자기보존 7유형과 다르게 사람들을 쉽게 믿는다. 세상 사람들이 다 진실하게 산다고 생각하는 것이다. 그리고 이 세상도 매우 아름다운 곳이라고 보기 때문에 순진해 보인다.

내 아들의 친구 중에 정말 딱 이 유형인 친구가 있다. 항상 주변에 재밌는 것을 찾아다니는 모습이다. 머리 속에는 자신이 알아낸 즐거운 지식과 생각으로 넘쳐난다. 그리고 그 생각을 주변사람에게 이야기하고 나누고 싶어했다. 친구들과 있다가도 갑자기 엉덩이를 씰룩거리며 춤을 추기도 하고 언제 봐도 유쾌한 아이다. 내 아들도 그 친구의 긍정적인 모습을 좋아한다. 순수하게 나한테 와서 이야기하는 모습을 보면 귀엽다. '빨간머리 앤'이 일대일 7유형인데 이 친구가 빨간머리 앤처럼 말하는 걸 정말 좋아한다고 생각했다.

내가 처음 내 유형을 접했을 때가 생각난다. 처음 드는 생각은 '와, 무슨 성격이 이러냐'였다. 잘 속고 너무 행복해 보여서 다 이상하게 느껴졌다. 뼈를 맞은 느낌? 그래서 나도 모르게 거부감이 들었다. 많은 사람도 나처럼 뼈를 맞은 느낌이 들 때를 잘 찾아야 한다. 그게 바로 아이의 유형이고 자신의 유형이다.

나는 나와 같은 7유형을 만나면 참 기분이 좋다. 특히 TV에 나오는 연예인 중에 밝고 신나게 노는 7유형 연예인을 보면 그렇게 신이 나고 재미있을 수가 없다. 저들도 나같이 세상을 즐기고 싶어 한다는 생각이

들었다. 어린아이 같은 면을 보면 반갑다. 장난꾸러기 같은 그들이 있어서 이 세상이 더 재밌는 것 같다.

8유형 : 보호하는 걸 좋아하고 힘이 넘치고 강해 보이길 원해요

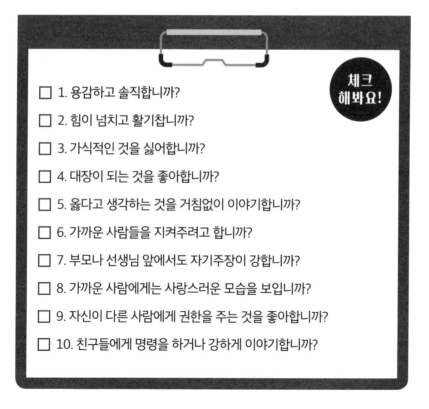

체크 해봐요!

- ☐ 1. 용감하고 솔직합니까?
- ☐ 2. 힘이 넘치고 활기찹니까?
- ☐ 3. 가식적인 것을 싫어합니까?
- ☐ 4. 대장이 되는 것을 좋아합니까?
- ☐ 5. 옳다고 생각하는 것을 거침없이 이야기합니까?
- ☐ 6. 가까운 사람들을 지켜주려고 합니까?
- ☐ 7. 부모나 선생님 앞에서도 자기주장이 강합니까?
- ☐ 8. 가까운 사람에게는 사랑스러운 모습을 보입니까?
- ☐ 9. 자신이 다른 사람에게 권한을 주는 것을 좋아합니까?
- ☐ 10. 친구들에게 명령을 하거나 강하게 이야기합니까?

8유형의 보편적인 모습

8유형 아이는 새로운 학기가 되면 반에서 누가 가장 센지 바로 파악한다. 친구들 사이에서 대장이 되는 것을 좋아한다. 가까운 사람들을 지켜주고 싶어 하고 의리를 중요하게 여긴다. 굉장히 솔직한 성격으로 자기 생각을 기감 없이 이야기한다.

8유형은 상대방이 잘못했어도 솔직하게 말하고 인정한다면 오히려 용서해주고 넘어간다. 저돌적이고 거침없는 성격이다. 그래서 주변 사람들이 상처를 받기도 한다. 자신만의 방식대로 인생을 즐기며 살고 싶어 한다. 항상 힘이 넘치고 활기차다. 열심히 공부하고 열심히 노는 성격이다.

옳다고 생각한 일은 정면으로 맞선다. 다른 사람에 의해 휘둘린다는 것은 끔찍한 일이기 때문에 주도권을 쥐려 한다. 가족들이 힘들 경우, 자신이 가족을 돌봐야 한다고 생각한다. 문제가 생기면 남을 비난한다. 사람들의 무능함을 두고 볼 수가 없어 자신이 나선다.

독립적인 성격으로 큰 그림을 보는 능력이 있다. 8유형의 깊은 곳에는 사랑받고 싶은 마음과 상처받기 쉬운 마음이 숨어 있다. 자신의 공로를 인정해주는 것은 좋아하나 아부하는 사람이나 가식적인 사람은 질색한다.

지금까지 8유형의 보편적인 모습을 살펴봤다. 밑에서는 8유형을 더 세분화한 하위유형을 살펴보자. 자기보존 유형과 사회적 유형, 일대일 유형을 읽으며 아이가 많이 해당되는 유형이 있는지 살펴보자. 만약 눈에 띄는 게 있다면 8유형일 가능성이 높다. 그리고 눈에 띄는 그 유형이 아이의 하위유형이다.

자기보존 8유형

이 유형은 모든 것에서 독립된 삶을 중요하게 생각한다. 경제적으로도 다른 사람에게 의존하는 걸 싫어한다. 자신의 힘으로 풍족한 삶을 이루려고 노력한다. 재산을 축적하는데 몰두하고 조급해하는 성향이 있다.

8유형 중 가장 말수가 적고 자신이 원하는 것을 잘 챙긴다. 상대방과의 거래에서 어떻게 하면 자신이 유리한지를 알고 있다. 또한 자기주장이 제일 세며 사회성은 부족한 편이다. 가장 가정적인 8유형이다. 모든 사람을 보호하려고 하지 않고 가족과 가까운 사람만 보호한다.

최악의 상황에서도 딛고 일어나는 방법을 알고 있다. 자신의 앞길을 막는 것들을 어떻게 해결해야 할지, 내가 원하는 것을 어떻게 되게 할지를 잘 안다. 자신과 관련된 일들이 어떻게 진행되고 있는지 모두 알 수 있을 때 안심한다.

이 유형의 여학생이 있었는데 말은 적었지만, 카리스마가 있었다. 어떻게 보면 1유형처럼 오해할 수 있는 부분도 있었다. 다른 사람들에게 맞춰주는 성격은 아니었다. 조용한 편이고 말을 간단명료하고 직설적으로 했다. 이 친구가 공부를 매우 잘했는데 친구들이 떠들어서 방해가 되는 것을 참지 못했다. 부드러운 성격이 아니어서 친구들이 쉽게 다가갈 수 있는 친구는 아니었다. 하지만 어른스럽고 든든한 학생이었다.

사회적 8유형

사회적 8유형은 다른 사람들을 보호하고 싶어 하고 타인을 위해서 움직인다. 만약 어떤 사람이 자신의 힘을 사용해 피해를 끼친다면 바로 저돌적으로 변할 것이다. 평소에는 공격적인 모습이 없다. 그러다 어린이, 여자 등의 사람과 동물 등이 공격을 당하는 모습을 보면 바로 적극적으로 행동하는 것이다.

사회적 8유형 아이는 반에서 괴롭힘을 당하는 친구가 있으면 바로 도울 것이다. 리더가 되고 싶지 않다고 해도 저절로 리더가 되어 있는 경우가 많다. 친한 친구와 관련된 일이라면 그 친구를 돌봐야 할 것 같은 의무감이 생긴다.

주변 사람이 정말 내 사람인지 확인하기 위해 끊임없이 테스트를 해 본다. 그럼 더 끈끈한 관계가 되며, 그 사람을 끝까지 책임지려고 한다. 주변 사람들은 사회적 8유형을 부드럽고 친근하다고 느끼며 참 든든하다고 생각한다.

이 유형의 학생과 친한 친구 몇 명이 항상 같이 다녔다. 사회적 8유형 학생은 8유형이지만 붙임성이 있고 친구들과도 잘 어울렸다. 항상 같이 다니는 친구들은 오랫동안 친한 사이였다. 그들이 복도에 다니면 뭔가 사회적 8유형 친구의 우산 아래, 나머지 친구들이 다니는 느낌이었다.

의리가 있고 불의를 보면 참지 못하는 학생이라 친구들도 좋아했다.

일대일 8유형

경제적 안정을 추구하는 자기보존 8유형과는 다르다. 다른 사람을 보호하려는 사회적 8유형과도 다르다. 일대일 8유형은 사람들의 주의를 사로잡고 영향을 끼치고 싶어 한다. 8유형 중 가장 감정적이며 아주 강력한 카리스마가 있다.

경쟁심이 매우 강하고 너무 쉬운 경쟁은 싫어한다. 오히려 경쟁해볼 만한 상대와 하는 경쟁을 좋아한다. 눈치를 보지 않고 자신이 하고 싶은 것을 다 해야 하는 성격이다. 주위의 친한 사람도 자신의 통제 하에 두고 싶어 한다.

전체적인 상황을 자기 손안에 넣고 싶어 하는 성격이다. 굉장히 강렬하고 도발적인 모습으로 사람들의 관심을 끄는데 탁월한 능력이 있다. 모임이 있을 때 그 중심에 서고 싶어 한다. 따라서 사람이 너무 많아 자신의 영향력이 닿지 않는 상황을 싫어한다. 모임의 사람이 몇 명인지가 중요하다. 사람들의 주의 집중을 끌어냄으로써 자신의 영향력과 힘을 느낀다.

어릴 적 자주 만난 친구 중에 일대일 8유형 친구가 있었다. 일대일 8유형의 특징을 다 가지고 있었다. 주위 사람들과 상황을 통제하고 싶어 하는 카리스마가 있는 친구였다. 친구들과 걸어갈 때도 항상 맨 앞에서 걸어가는 친구였다. 일대일 8유형의 존재감은 그 누구에게도 뒤지지 않는다.

그 친구가 예전에 이런 말을 했다. "나는 이성 친구는 반대 성격이 좋은데 동성 친구는 나랑 비슷한 활달한 친구가 맞아." 대부분의 사람들이 그렇게 느끼겠지만 일대일 8유형은 열정적이기 때문에 더욱이 템포가 맞아야 한다. 느린 사람을 답답하고 약하다고 생각하기 때문이다.

내가 생각하는 8유형은 자신의 의지가 흔들리지 않는 멋진 리더의 모습이다. 자신과 가까운 사람들에 대한 의리가 있는 사람들이다. 독불장군처럼 보일 수 있지만 사실 그 사람들 마음속에 여리고 사랑받고 싶은 마음이 숨어 있다는 것을 알고 있다. 자신의 비전을 가지고 항상 당당하게 사는 8유형이 멋있다.

9유형 : 느긋한 걸 좋아하고 현재에 만족하고 평화롭길 원해요

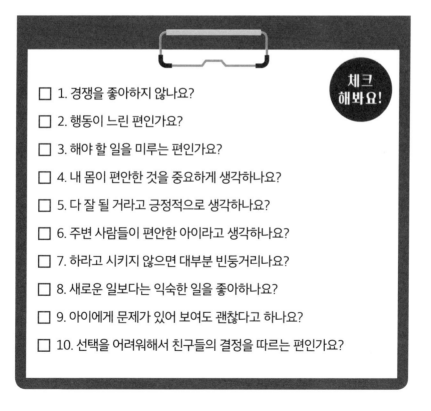

체크 해봐요!

☐ 1. 경쟁을 좋아하지 않나요?

☐ 2. 행동이 느린 편인가요?

☐ 3. 해야 할 일을 미루는 편인가요?

☐ 4. 내 몸이 편안한 것을 중요하게 생각하나요?

☐ 5. 다 잘 될 거라고 긍정적으로 생각하나요?

☐ 6. 주변 사람들이 편안한 아이라고 생각하나요?

☐ 7. 하라고 시키지 않으면 대부분 빈둥거리나요?

☐ 8. 새로운 일보다는 익숙한 일을 좋아하나요?

☐ 9. 아이에게 문제가 있어 보여도 괜찮다고 하나요?

☐ 10. 선택을 어려워해서 친구들의 결정을 따르는 편인가요?

9유형의 보편적인 모습

9유형 아이는 어떤 결정을 내릴 때 머뭇거린다. 모든 것에는 장단점이 있다고 생각해서 선택을 어려워하는 것이다. 그래서 우유부단해 보이며 항상 시간을 충분하게 주는 것이 좋다. 짧은 시간 안에 결정해야 하는 상황이 9유형 아이에게는 여간 힘든 일이 아닌 것이다.

웬만한 일들을 다 잘 될 거라고 긍정적으로 바라본다. 계획이 없으면 하루종일 아무것도 안 해도 불편해하지 않는다. 편안한 상태, 평화로운 상태를 지키고 싶어 한다. 싸우는 사람들 사이에 있는 9유형 아이는 많이 힘들 것이다. 다른 사람과의 갈등이 힘들기 때문에 반대 의견을 이야기하는 것도 어려워한다. 주변의 일이 유지되는 걸 좋아하므로 변화를 싫어한다.

너무 상대에게 맞추다 보면 자신이 진짜 원하는 것이 무엇인지 모를 수 있다. 하지만 가끔 고집스러운 면도 있다. 평화로운 아이도 화가 나면 얼굴에 드러나고 화산처럼 폭발할 때도 있다. 9유형은 보통 에니어그램 결과가 나와도 자신의 유형이 맞는지 받아들이지 못하는 경우가 많다. 다양한 관점으로 바라보기 때문이다.

9유형은 사람들 간의 중재를 잘한다. 그리고 나머지 유형의 특징을 모두 가지고 있다. 그래서 다른 사람들에게 쉽게 동화되거나, 다양한 모습이 나타날 수 있다. 중요한 일이 있으면 그 일에 집중하지 않고 중요하지 않은 일을 먼저 한다. 문제가 생기면 그 문제를 보지 않는다. 다른 생각을 하며 그 문제를 제쳐두는 것이다.

지금까지 9유형의 보편적인 모습을 살펴봤다. 밑에서는 9유형을 더 세분화한 하위유형을 살펴보자. 자기보존 유형과 사회적 유형, 일대일 유형을 읽으며 아이가 많이 해당하는 유형이 있는지 살펴보자. 만약 눈에 띄는 게 있다면 9유형일 가능성이 높다. 그리고 눈에 띄는 그 유형이 아이의 하위유형이다.

자기보존 9유형

이 유형의 아이들은 자신의 관심을 돌리기 위해 먹는 것에 집중한다. 자신이 좋아하는 것을 하면 마음이 편안해진다. 잠자기, 먹기, TV, 게임, 독서 등의 일상적인 것들을 하며 고통을 회피한다. 자신의 공간에서 좋아하는 일을 하며 편안히 쉬는 시간을 정말 사랑하는 것이다. 따라서 혼자만의 시간이 필요하고 이런 일들이 방해받지 않기를 원한다.

실용적이고 구체적인 성격이라 경험하는 것을 좋아한다. 일대일 9유형보다 자기주장이 있다. 그리고 9유형의 다른 하위유형보다 화와 짜증을 잘 낸다. 고집이 있으며 다부진 느낌이다. 자기보존 9유형 아이는 밝고 장난치는 모습을 보인다. 그 이유는 사랑받고 싶다는 욕구를 재미있는 활동으로 채우기 때문이다.

내 아이의 친구 중에 귀여운 친구가 있다. 우리 집에 놀러 왔을 때, 음식을 정말 맛있게 먹고 또 먹던 모습이 너무 사랑스러웠다. 잘 먹으면 정말 사랑스럽지만, 그 아이의 엄마는 아이가 먹는 것에 너무 집착하는 것 같아 걱정이 많았다. 지금은 아이도 먹는 것을 많이 조절 중이다. 이

아이는 내 아들이 난처한 일이 생기면, 눈치 빠르게 아들 편을 들어주고
는 했다. 갈등을 싫어하는 것이다. 그리고 밝고 명랑한 성격이라 목소리
도 크고 붙임성이 있다.

사회적 9유형

사회적 9유형은 집단에 소속되고 싶어 하고 집단에 필요한 사람이
되고 싶어 한다. 소속에 대한 욕구가 너무 강하다 보니까 상대적으로 소
속감은 낮다. 자신의 집단에 소속되어 있지 않은 것처럼 느끼는 것이다.
이를 보상받기 위해 열심히 일하고 다른 사람에게 맞춰준다. 매우 열심
히 일하지만, 자신의 고민을 다른 사람과 나누지는 않는다. 다른 사람들
이 불편해 할까 봐 말을 안 하는 것이다.

소속감을 느끼기 위해 일 중독이 되기 쉬운 유형이다. 자신의 욕구보
다 자신이 속한 집단의 필요에 의해 움직인다. 재미있는 성격으로 적극
적이며 사교적이다. 타인을 위해서 일하는 착한 사람들이다. 그리고 다
른 사람을 잘 배려하고 걱정이 없어 보인다. 그리고 집단 내에서 중재를
잘하므로 멋진 리더가 된다.

이 유형은 겉으로는 행복해 보일 수 있지만 소속감이 완전하지 않기
때문에 속마음은 그렇지 못하다. 하지만 본인도 자신의 느낌을 직접적
으로 계속 느끼는 것은 아니다.

반장으로 뽑힌 학생이 사회적 9유형이었다. 친구들은 이 아이를 굉장
히 좋아하였다. 항상 웃는 얼굴이고 친구들 말을 잘 들어주었다. 푸근한

이미지이고 친근한 성격이었다. 회의를 할 때는 친구들 의견을 잘 모으는 학생이었다. 본인도 힘든 적이 있었을 텐데 한 번도 힘들다고 이야기한 적이 없었다. 든든한 리더의 모습이었다.

일대일 9유형

일대일 9유형은 좀 더 외향적인 성격이고 감정이 발달했다. 그래서 2유형이나 4유형으로 보이기도 한다. 그리고 9유형 중에서도 가장 다정하고 수줍어하며 부드러운 성격이다. 또한 자기주장이 강하지 않다. 대신 상대의 의견을 따르면서 연결을 유지하고 자신의 부족한 정체성을 채우고 싶어 한다. 다른 사람과 연결되어 있지 않으면 어려워한다.

그리고 나와 다른 사람 사이의 경계가 없어 보인다. 다른 사람에는 친구, 부모님, 이성 친구, 배우자, 자녀 등이 속한다. 다른 사람과의 밀접한 연결을 위해서 그 사람에게 맞춰주는 것이다. 그래서 상대방에게 너무 의존하게 되어 집착하게 되는 문제가 생길 수 있다. 일대일 9유형은 게으름이 문제가 되기보다는 내 자신의 정체성이 문제가 되는 것이다.

내가 아는 일대일 9유형 아이는 정말 상냥하고 부드러운 아이다. 그런데 동시에 시원시원하게 행동하는 면도 있다. 친구들과 놀면 항상 친구 의견을 먼저 물어본다. 그 아이는 '난 괜찮아'라고 하면서 상대의 의견을 따라가는 것이 편해 보였다. 친구의 감정을 항상 살폈고 어디를 가든 친구랑 같이 가려고 했다. 상대에게 잘 맞춰주면서 친구가 필요한 것이 무엇인지 알고 잘 챙겨주었다.

내가 생각하는 9유형은 참 둥글둥글한 성격으로 주위 사람을 편안하게 해주는 사람들이다. 9유형이 없는 세상이 가능할까? 9유형은 공기 같은 존재다. 폭신폭신한 스펀지 같은 사람들인 것 같다. 주위 사람들이 편안하게 들렀다 갈 수 있는 그런 존재 말이다. 9유형 아이들이 어릴 때는 느리다고 구박받을 수 있지만 어른으로 커갈수록 자신의 매력을 한껏 드러낼 것이다.

4장

—

상처를 힘으로,
개성을 재능으로 이끌어주는
에니어그램 코칭법

1유형 : 꼼꼼하고
반복적인 일도 잘해요

내 아이의 가능성을 크게 보고 1유형의 재능을 키워주자!

1유형은 정직하며 믿음직스럽다. 규칙을 잘 지키고 원칙에 충실하다. 무슨 일을 하든 목표를 명확히 정하고 차근차근 해나간다. 세상을 더 나은 곳으로 만들고자 하는 이상주의자로 자신의 이상을 이루기 위해 항상 노력한다.

하겠다고 결정한 것은 무슨 일이 있어도 하려고 하는 의지가 대단하다. 무슨 일을 하던 자신의 생각이 확고하고 흔들림이 없다. 청소를 잘하고 깔끔하며 복잡한 것을 간단하게 정리할 줄 안다.

내가 자주 찾는 칼국수·수제비 집이 있다. 그 식당에는 1유형의 사장님이 계신다. 식당이 개업한 지 얼마 안 되었을 때 남편과 둘이 식사를 하러 갔다. 각자 한 그릇을 먹었는데 너무 맛있어서 한 그릇을 더 먹고 싶었다. 사장님께 한 그릇을 더 시키겠다고 하자 한사코 안 된다고 하셨다. 돈을 더 버실 수 있는데 왜 안 된다고 하실까?

사장님이 한 사람당 하나의 가격을 받고 싶어 하신 것이다. 너무 잘 먹으니 다음에 더 달라고 하면 더 주신다고 하셨다. 그러면서 밥을 챙겨주셨다. 사장님은 원칙이 확실하신 분이다. 육수 맛이 몇 년이 지나도 변하지 않고 너무 구수하고 담백하다. 김치 겉절이도 매번 직접 담그신다.

사장님이 1유형인 걸 알고부터는 더 믿고 식당을 찾게 되었다. 물론 맛있는 건 기본이다. 모든 식당의 사장님이 1유형이라면 원칙을 지키는 식당이 많아질 텐데, 혼자 웃지 못할 상상을 했다.

이렇게 1유형은 상대방에게 깊은 신뢰감을 준다. 사업을 운영하는 사람이 원칙과 신념을 고수한다면 처음 작게 시작한 사업도 결국 잘 되게 되어 있다. 1유형은 일취월장할 수 있는 재능을 가지고 있다. 다른 사람의 말에 휘둘리지 않고 자신이 옳다고 생각하는 것을 지키고 나갈 강한 신념이 있는 것이다.

1유형은 약속을 잘 지키며 집단 내에서도 책임감 있게 행동한다. 꾸준히 자신이 할 일을 하기 때문에 신뢰가 간다. 작은 문제들도 체계적이고 효율적으로 해결하는 방법을 안다. 그래서 작고 세세한 일을 기꺼이 처리해주는 등 복잡한 일을 정리해준다. 우선순위를 정해서 순차적으로 일을 처리할 줄 아는 것이다.

자기감정을 잘 조절하고 모든 문제를 신중하게 해결한다. 객관적으로 행동하며 신중하고 꼼꼼하다. 결단력이 있고 다른 사람보다 더 많은 일을 해낸다. 효율적이고 현실적이다. 스스로 발전하기를 원하고 실제로도 자신을 발전시킨다. 일을 효율적으로 해결하는 방법을 안다.

같은 부서에 있던 동료 교사 중에 1유형 교사가 있었다. 휴직 후 복직을 하셨다. 복직하기 전부터 일을 잘하신다는 이야기가 많아서 정말 궁금했다. 아니나 다를까, 남보다 더 많이 하면서도 정말 일을 깔끔하고 빠르게 하셨다.

나는 그분의 차분하고 순차적으로 일을 처리하는 모습이 부러웠다. 반대로 그분은 나의 밝은 성격과 학생들과의 친화력을 부러워하셨다. 1유형은 일을 잘해서 다른 사람들보다 더 많은 일을 맡는 경우가 많다고 한다. 실제로 일을 하는 모습을 보니 왜 그런지 알 것 같았다. 일을 주면 확실하고 깔끔하게 일을 처리하니 그 사람만 보게 되는 것이다.

한번은 회식을 할 때였다. 본인이 생각하는 귀가 시간이 되자 뒤도 안 돌아보고 가시는 걸 보고 자기관리가 철저하시구나, 생각했다. 직장생활을 하면서도 새벽에 필라테스를 다니는 등 정말 열심히 하루를 보내고 계셔서 대단하다고 생각했다. 1유형의 자기관리와 일 처리 능력은 정말 누가 봐도 훌륭한 것 같다.

1유형에게 어울리는 직업에는 교사, 법률가, 판사, 세무사, 회계사, 감사, 공인회계사, 공급관리자, 교도관, 사회운동가, 환경운동가, 의사, 반도체 분야, 군인, 경찰, 생산직, 청소용역업체, 목사, 목공업체, 연구원 등이 있다.

1유형이 규칙과 질서가 없는 자유로운 분위기의 직장은 어떻게 생각할까? 자유분방함이 요구되는 예술계통의 일들은 1유형의 진면목이 나오기가 힘들 것이다. 또한 융통성이 많이 요구되는 영업이나 홍보, 고객 서비스가 필요한 일들은 1유형의 재능을 발휘하기 힘들다.

1유형은 남을 가르치거나 지도하는 일에 잘 맞는다. 그래서 교사 중에 1유형이 많다. 분석과 정확성이 필요한 일에도 적합하다. 꼼꼼하고 치밀하게 일해야 하는 일, 반복적으로 하는 일에 그 누구보다 재능을 발휘한다.

그 누구보다 뚝심 있게! 양심적으로! 책임과 정직을 실천하고 있는, 그리고 앞으로도 열심히 실천하고 있을 1유형 아이들을 진심으로 응원한다.

1유형의 상처를 보고 내 아이 힘으로 길러주자!

1유형은 고집이 세고 독선적이다. 자신이 생각하는 방법만 옳다고 주장한다. 그래서 자신뿐 아니라 다른 사람에게도 기대를 많이 하고 자신의 원칙을 강요한다. 문제가 생기면 지나치게 비판적이 된다. 사람이 너무 엄격해서 대하기 불편할 수 있다.

융통성이 없고 질투가 심한 편이다. 사람들의 평가를 두려워한다. 항상 작은 것까지 걱정하고 긴장하고 있는 것 같다. 워낙 걱정이 많고 긴장감이 많아 주변 사람까지 불안해진다. 자신이 남보다 낫다고 생각한다. 상대의 잘못을 관대하게 용서하지 못하고 마음에 담아둔다.

같이 근무했던 교사 중에 같이 대화하기가 힘들었던 교사가 생각난다. 자신의 학급뿐만 아니라 다른 학급의 일까지 간섭을 하였다. 피해자는 경력이 얼마 안 된 선생님들이었다. 부드럽게 상대의 감정을 살피면서 이야기하지 않았다. 자신이 생각하는 것을 거르지 않고 말을 하였다.

자신만 옳다고 생각하기 때문에 상대의 감정은 고려하지 않고 당당해 보였다. 대화하다 보면 말이 통하는 사람이 있고 말이 안 통하는 사람이 있는데 이분은 후자였다. 조금만 더 자신의 원칙을 내려놓고 상대의 말에 귀를 기울이면 좋을 것 같다고 생각했다.

"다른 사람이 너와 다른 방법으로 일을 하는 것을 존중해줘." 1유형 아이들에게 필요한 말이다. 1유형 아이들은 자신과 다른 친구들을 보고 불편한 적이 많았을 것이다. 아이가 좀 더 여유 있는 마음으로 세상을 볼 수 있다는 것을 알려주자.

1유형은 하고 싶은 일보다는 꼭 해야 할 의무에만 초점을 두어 삶을 즐기지 못한다. 삶에 쉼표가 없다. 마음 편하게 놀고 감정 표현하기가 쉽지 않다. 1유형의 기준에 못 미치면 상대에게 부족하다고 비난하고 상처를 준다. 본인의 원칙에 따라 모든 것을 분석하고 혼자 판단한다. 상대의 감정에 집중하지 못하고 세상을 흑백논리로 판단한다.

내가 아는 1유형들을 보면 자신의 신념을 지키고 단정한 그들이 대단해 보였다. 그런 그들이 좀 더 자신의 채찍질로부터 자유롭고 가벼워졌으면 좋겠다고 생각했다. 경직된 마음에 봄이 왔으면 하는 마음이었다. 자신의 몸에 스스로 사슬을 묶어놓은 것이 본인이라는 걸 깨닫고 융통성 한 스푼, 아니 두 스푼, 세 스푼씩 더해서 더 행복해지는 그들을 보고 싶다.

1유형 아이들에게 정말 필요한 말은 괜찮다는 말이다.

"실수해도 괜찮아."

"실패해도 괜찮아."

"틀려도 괜찮아."

"이제 그만해도 괜찮아."

"너는 이미 충분히 괜찮은 사람이야."

이미 수많은 원칙과 기준으로 자신을 채찍질하는 1유형 아이에게 괜찮다는 말을 들려주자. 이를 통해 자신을 바라보는 눈이 한층 더 부드러워질 것이다. 나아가 다른 사람을 보는 눈까지 부드러워질 것이다. 아이가 도움이 필요로 할 때는 주저 말고 부탁하라고 이야기해주자.

항상 즐기기보다 의무를 먼저 생각하는 아이들에게 하루를 편안한 마음으로 즐길 수 있도록 이끌어주자. "오늘 정말 마음 놓고 즐길 일을 하나만 생각해보고 같이 해볼까?" 매일 한가지씩 자신의 긴장을 풀고 즐거움을 찾는 행동만으로도 아이는 많이 유연해질 것이다.

1유형 아이들 중에는 놀이터에 가서도 친구들의 행동이 틀리다고 생각하고 지적하는 경우가 있다. 친구들은 틀린 것이 아니라 다른 것이라는 걸 알려주자. 다른 사람을 이해하는 방법을 통해 작은 것에 집착하지 않는 넓은 마음을 기르게 될 것이다. 작은 것에 감사하고 행복을 느낄 수 있도록 도와주자.

1유형같이 항상 그 자리에 있는 사람들이 있어 이 사회가 발전한다고 생각한다. 이제 자신의 진정한 발전을 꿈꾸도록 응원해주자. 진심으로 자신을 사랑할 줄 아는 1유형 아이들의 자유로운 웃음을 기대해본다.

2유형 : 사람들과
함께하는 일을 좋아해요

내 아이의 가능성을 크게 보고 2유형의 재능을 키워주자!

2유형은 밝고 열정적이며 명랑하다. 성격이 따듯하고 연민이 많으며 이해심이 많다. 너그러운 성격으로 주위 사람들을 잘 챙긴다. 다른 사람의 장점을 잘 찾아내며 격려하고 칭찬해준다. 다른 사람에게 관심을 많이 주고 도와준다.

2유형과 있으면 내가 중요한 사람이 된 것 같고 사랑받는 느낌이 든다. 상대의 말을 잘 들어주고 리액션이 참 좋다. 다른 사람에게 도움을 받으면 진심으로 고마워한다. 상대가 원하는 걸 그 사람보다 더 먼저 알아내서 챙겨준다.

같은 대학교 동기인 친구가 있다. 정말 아이들을 사랑하는 교사라는 것이 느껴진다. 다정하고 따듯한 성격으로 아이들이 필요한 것을 아낌

없이 준다. 내가 오랜만에 복직했을 때도 필요한 자료들을 챙겨주어 큰 도움이 됐던 기억이 난다. 주위 사람이 이야기하면 정말 잘 들어준다. 친구의 리액션을 보면 나도 모르게 신이 난다.

2유형 교사가 아이들을 보살핀다면 어떤 느낌일까 궁금할 때는 이 친구를 생각한다. 아이들에게 항상 웃어주며 아낌없이 주는 나무 같은 느낌이다. 밝고, 명랑해서 주위 사람들도 밝게 만들어 준다. 그리고 무엇보다 주변 사람들의 장점을 잘 찾아 칭찬을 잘해준다. 상대가 중요한 사람이 된 것 같은 느낌이 들게 해준다. 2유형은 참 따뜻한 사람들이다.

2유형은 함께 있으면 마음이 밝아지고 편안해진다. 친구와 가족을 소중히 생각하고 위로와 응원을 잘해준다. 주위 사람들을 위해 자신을 희생하는 걸 어려워하지 않는다. 관심이 다양하고 다른 사람과 같이할 수 있는 것들을 찾아 기꺼이 함께한다.

상대의 고민을 잘 들어주고 대화를 많이 나눈다. 사람들에게 좋은 인상을 주고 쉽게 친해진다. 2유형은 감정표현을 풍부하게 함으로써 사람들에게 감정표현의 중요성을 깨닫게 해준다. 다른 사람들과 허물없이 지낸다.

아는 지인의 남편이 2유형인데 그렇게 가정적일 수가 없다. 직장에 다니는데도 설거지며 기타 집안일을 참 잘 돕는다. 얼마 전에 몸이 다쳐서 집안일을 덜 했는데 이제 다 나았으니 직장과 집안일, 투잡을 뛰실 것이다.

직장에 다녀오면 부인과 이 이야기, 저 이야기를 나누는 것을 좋아한다. 미주알고주알 대화를 나누는 모습이 좋아 보였다. 실제는 사업을 하시는데 직장에서는 솔선수범하는 리더의 모습이었다. 다른 사람에게 시키기 전에 본인이 먼저 나서서 한다. 2유형은 리더로서 친절하고 솔선수범하는 리더가 될 수 있다.

2유형에게 어울리는 직업에는 교사, 비서, 미용업 종사자, 보좌관, 요양보호사, 자선사업가, 간호사, 영업원, 상담사, 연예기획사, 숙박업, 음식점, 코디네이터, 헤어디자이너, 소방대원, NGO 활동가, 심리학자, 직원관리자, 접수담당자 등이 있다.

2유형은 사람을 직접 만나서 상대하는 직업을 택해야 자신의 재능을 살릴 수 있다. 혼자 고독하게 글을 쓰거나 연구를 하는 것은 힘들 수 있다. 또한 도움을 주면서 보람을 느끼기 때문에 교사나 보호사 같은 직업에 2유형이 많이 있다.

자신보다 다른 사람을 돋보이게 하는 일을 잘해서 기획사나 비서 같은 일도 잘 맞는다. 그리고 다른 사람에게 싫은 소리를 하기 힘들어하니 웃으며 일할 수 있는 일이 잘 맞는다. 다른 사람들에게 따스한 미소와 도움을 줘서 이 세상을 따뜻하게 만들 2유형 아이들을 진심으로 응원한다.

2유형의 상처를 보고 내 아이 힘으로 길러주자!

2유형은 상대에게 호감을 얻고 싶어서 말과 행동을 과장한다. 상대의 지적과 비판에 상처를 잘 받는다. 관심을 적게 받아 상처를 받으면 서운해하거나 토라지고 화를 낼 수 있다. 또한 자신이 원하는 것이 안 이루어지면 상대방에게 죄책감이 들게 한다.

마음을 솔직하게 이야기하는 것을 어려워한다. 문제가 생기면 상대방과 직접 해결하기보다는 거리를 두고 물러선다. 사랑받기 위해 사랑을 준다. 즉 자신이 돌려받을 것을 생각하고 다른 사람에게 준다. 체계적으로 생각하기보다 감정적으로 나올 때가 많다. 너무 많은 관심을 요구해서 관계에 집착한다는 느낌이 들 때가 있다.

지인의 건너 지인이 2유형인데 그렇게 전화를 자주 한다고 한다. 사실 전화를 하면 별 이야기도 없이 전화를 끊는 일이 많다. 하지만 전화를 안 받는 날에는 왜 전화를 안 받냐, 무슨 일 있는 거냐, 코로나 걸린 거냐, 계속 끊임없이 물어봐서 피곤하다고 했다. 지인이 할 일이 생겨서 전화를 빨리 끊으려고 하면 상처를 받아 토라져서 어떻게 해야 하나 고민을 했다.

뭐든지 적당할 때 제일 좋은 거라 이런 경우에는 전화를 받는 사람도 난감하다. 2유형은 항상 상대방과 연결되고 싶어 하기 때문에 반대 성향을 가진 사람은 부담스럽게 느낄 수 있다. 내 아이가 이런 상황에 놓이는 것은 그 어떤 부모도 원치 않을 것이다. 2유형 아이는 친구에게 잘해주려고 하는데 친구의 마음은 그에 미치지 못한다고 서운해할 때가 많다.

2유형 아이들은 상대방과 나 사이의 어느 정도 공간이 필요함을 알아야 한다. 뭐든지 숨쉴 공간 없이 붙으면 습기가 차고 곰팡이가 생기듯이 사람 사이에도 넉넉한 공간이 있어야 한다. 그 공간이 유지될 때 친구와 아이가 서로 건강하게 성장할 수 있다. 둘 사이의 공간은 서로가 성장하는 공간이다. 2유형 아이에게 혼자 있는 시간을 가져보게 하자.

그 시간 동안 자신이 정말 원하는 게 무엇인지, 내 감정이 어떠한지 들여다보게 하자.

2유형은 상대방을 돕고 친절해야 한다는 생각을 한다. 상대를 조종하려 하고 계속 인정받으려고 한다. 웃음이 많아 보이고, 싫은 상황에서도 웃고 있어 가식적으로 보일 수 있다. 자신이 원하는 것을 직접 말로 표현하지 않는다. 상대가 바쁜 와중에도 계속 연결되고 싶어 한다. 2유형은 독립적으로 시간 보내기를 힘들어한다. 상대가 시간을 바쁘게 보내면 외로워하며 미안하게 만든다.

코로나19 시국이라 더 거리두기가 필요한 요즘 2유형 아이들이 힘들 것 같다. 실제로 지인의 딸이 2유형인데 친구들을 잘 보지 못해 너무 속상해한다는 것이다. 다행히 엄마와의 관계가 좋아 집에서 잘 지내는 편이지만 그 아이는 친구가 필요했다. 친구 집에 놀러가고 친구랑 이야기하고 붙어있는 시간이 필요한 것이다.

한때는 친구와 놀다가 너무 친구를 소유하려고 해서 다른 친구와 갈등이 있었다고 한다. 2유형 아이는 그 과정에서 상처를 많이 받는다. 친구가 자신을 안 좋아한다고 느끼고 버림받았다고 느낀다. 더 열심히 주어야 관심을 받는다고 생각한다. 감정이 예민하고 상처를 잘 받기 때문에 아이의 마음을 잘 헤아려주어야 한다.

자기 자신을 사랑하는 아이가 다른 사람도 진정으로 아끼고 사랑할 수 있다. 무게 중심을 맞추는 연습을 해야 한다. 지금은 상대에게 너무 쏠려 있는 2유형의 관심을 자신에게로 끌어와야 한다. 균형을 맞추는 시간이 필요하다. 다른 사람에게 도움을 주면서 자신의 부정적인 감정을 다루는 것을 알아차려야 한다.

"정말 네가 원하는 게 무엇일까? 친구가 원하는 것 말고 네가 원하는 것을 생각해보자."

꼭 무언가를 주어야지만 사랑을 받는다는 생각을 버리게 하자. 아이가 스스로 이렇게 말할 수 있다.

"다른 친구만큼 나도 정말 중요한 사람이야."

"이제 내 자신의 마음을 들여다볼래."

자신의 따뜻함을 다른 사람에게 먼저 비추는 것이 아니라 자신의 마음에 먼저 비추게 하자. 2유형 아이는 지금보다 더 크게 세상을 비추는 존재가 될 것이다.

3유형 : 결과가
눈으로 보이는 일을 잘해요

내 아이의 가능성을 크게 보고 3유형의 재능을 키워주자!

3유형의 능력 중에 정말 부러운 것이 있다. 어떤 일을 받으면 일에 대한 파악이 정말 빠르다는 것이다. 그 누구보다 일 추진이 빠르고 마무리가 확실하다. 일을 열심히 하고 성과를 내는 건 3유형의 타고난 능력이다.

낙관적이고 긍정적이며 자기 자신에 대해서 자신감이 넘친다. 그래서 좌절에 대한 극복도 빠르다. 실천하는 힘이 높아서 주저하지 않는다. 열정이 넘치며 우유부단함이 없이 추진력이 뛰어나다. 유능해서 일을 어려워하지 않고 잘 처리한다. 그리고 융통성이 있고 굉장히 효율적이다. 상황파악이 빠르고 정확한 성격이다. 또한 센스가 있고 자신과 가족을 잘 챙긴다.

남편이 3유형인데 이 말과 잘 맞는다. 정말 회사 맞춤형 성격인 것 같다. 3유형 성격의 특성상 요즘 회사의 모토와 아주 잘 맞는다는 말이다. 3유형에게 일을 맡기면 일단 기본 이상은 한다고 봐야 한다. 전체를 보는 능력이 뛰어나서 작은 일에 얽매이지 않는다. 큰 그림을 보고 일을 추진하며 효율적으로 일을 한다. 경제 관념이 뛰어나 손해보지 않고 일을 처리한다.

동료 교사 중에 3유형인 분이 있다. 모든 교사의 롤모델이시다. 지금 현재 같은 연구회고, 회장을 맡고 계신다. 인터넷 카페를 운영하시며 다양한 수업과 수업자료를 개발하셨다. 그리고 그 모든 것을 모든 선생님과 공유하시고 피드백을 받으시면서 업그레이드를 시키신다. 형식적인 것에 얽매이지 않고 정말 실제적이고 효율적인 것을 추구하신다. 이분은 3유형 교사답게 수업자료와 집필하신 책 등, 결과물이 독보적이시다.

3유형은 자신의 일이 바쁘고 독립적인 성격이라 상대방에게 부담을 갖지 않게 한다. 열정적이고 자신을 잘 꾸며 매력적이다. 센스가 있고 주위 사람을 잘 챙긴다. 자신을 잘 돌보며 자신의 생각을 잘 표현한다. 다른 사람의 도전을 격려해주고 동기부여에 능숙하다. 부지런해서 하루를 알차게 쓰려고 한다. 목표를 바라보며 흔들리지 않고 나아간다. 정보에 밝고 상황파악이 빠르다.

나와 가까이 지내는 3유형 지인이 있는데 이 말과 딱 맞아 떨어진다. 나는 센스가 있는 것 같으면서도 없다. 그런데 내 지인은 센스가 있어서 주위 사람을 잘 챙긴다. 선물도 형식적인 포장지 없이 정말 상대방이 필요로 할 만한 것을 잘 골라서 선물해 준다. 내가 우왕좌왕할 때 필요한 말을 잘해준다.

한때 패션업계에서 종사했었다. 패션 감각이 뛰어나기도 하고 일을 빨리빨리 효율적으로 하는 능력이 우수했다. 남들은 아직도 일을 붙잡고 있는데 혼자만 일을 다하는 경우가 많았다. 그 누구보다 칼퇴근이 가능한 이 능력은 너무나 부러운 능력이다.

3유형에게 어울리는 직업에는 CEO, 관리자, 투자 은행가, 펀드 매니저, 영업, 홍보마케팅, 변호사, 대행서비스, 프랜차이즈 경영, 컨설팅 분야, 배우, 앵커, 기획전문가, 증권 중개인, 연예인 매니저 등이 있다.

성과가 나타나고 보상이 확실한 직업, 구체적이고 대인관계가 요구되는 직업, 비즈니스적인 직업, 이미지가 좋은 직업 등이 맞는다. 어떤 직업이든 3유형의 실제적이고 효율적인 능력이 발휘될 수 있는 곳이 적합하다. 보상이 확실한 곳에서는 없던 능력도 발휘하는 유형이 3유형이다. 목표가 확실한 만큼 최소비용으로 최대효과를 나타낸다.

결과가 확실하게 나타나도록 성과로 말하는 3유형은 어느 곳을 가도 자신의 역량을 발휘할 것이다. 3유형은 이미지를 중요하게 여기기 때문에 사람들이 봤을 때 그래도 괜찮은 직장을 선호한다. 기억력, 기획력, 행동력, 성취력 등 이 시대가 원하는 능력을 두루 갖춘 매력쟁이 3유형 아이들을 진심으로 응원한다.

3유형의 상처를 보고 내 아이 힘으로 길러주자!

3유형은 감정적인 것, 사람의 감정표현을 너무 못 견뎌하고 힘들어한다. 감정과 떨어져서 생각하려고 한다. 진실한 마음표현에 서투르다. 그리고 다른 사람의 고민을 가볍게 생각하는 경향이 있다. 비난에 민감하며 마음이 상하면 마음에 담아두고 말을 하지 않는다. 좋은 이미지를 보여주기 위해서 노력하다 보니 자신의 진실한 모습과 멀어질 수 있다. 삶의 어두운 면을 보려고 하지 않는다. 그리고 사람을 미리 판단하며 호불호가 강하다.

남편은 상대가 너무 감정적으로 나오면 힘들다고 한다. 예를 들어 갑자기 크게 운다든지 하면 힘들다는 것이다. 뭐지? 말하다 보니까 내 이야기다. 나는 감정에 솔직해서 예고 없이 울음이 튀어나온다. 기뻐도 울고, 감격해도 운다. 생각해보니 슬퍼서 운 적은 별로 없는 것 같다. 로봇인가? 그것보다 나도 7유형이라 슬픈 감정을 보이는 것이 꺼려졌던 것이다.

분명히 남편 성격은 다정한데 감정적인 것을 힘들어한다는 것이 신기했다. 사람이 감정과 너무 연결되면 감정에 쏟는 시간이 생긴다. 그렇게 되면 생산적이고 성공적인 3유형과 어울리지 않아 기질적으로 그렇게 됐다는 것을 이제는 이해한다. 3유형 아이에게 항상 이 말을 해주자. "네가 이룬 일만큼 중요한 건 너의 감정이야. 네가 느끼는 감정이 진짜 가치 있는 거야."

3유형은 일과 성과에 집착한다. 자만하는 경향이 있으며 너무 실리만 추구한다. 늘 바빠서 중요한 관계가 소홀해질 수 있다. 자신처럼 다른 사람도 바쁘게 움직이길 바란다. 결과를 중요하게 생각해서 과정은 크게 문제 삼지 않는다.

성과를 올리는 것에만 급급해서 경쟁에 몰두한다. 과장해서 말하고 실제 아는 것보다 더 많이 아는 것처럼 말하는 경우가 있다. 순수한 모습보다는 미리 계산하고 행동한다. 인내심이 없고 항상 요점만 간단히 해주기를 바란다.

내가 아는 3유형들의 공통점 중에 정말 눈에 띄는 게 있었다. 긴 글을 못 읽는다는 것이다. 그냥 본능적으로 몸이 거부하는 것 같았다. 긴 글을 보내는 사람의 의도는 내 의견과 감정이 잘 전달되기를 바라는 마음에 보낼 것이다. 하지만 3유형에게 보내는 거라면 절대 말리고 싶다. 3유형은 긴 글을 정말 힘들어한다. 처음과 끝만 읽거나 아예 안 읽을 수도 있다. 요점만 간단히! 이게 모토다. 3유형 아이를 둔 부모는 아이에게 이야기할 때나 글을 쓸 때는 간단히 요점만 전달하자.

"최고가 되지 않아도 된다." 항상 최고가 되기 위해 노력하는 3유형 아이에게 필요한 말이다. 성공이 곧 나의 가치라고 생각하고 앞만 보고 달리는 것이다. 아이가 무언가를 잘해서, 최고여서 가치가 빛나는 게 아니다. 다른 사람과 나를 비교하지 않아도 된다. 그냥 존재만으로도 가치가 있다는 사실을 알려주자.

자신의 진짜 모습을 보여줘도 된다는 것을 말해주자. 좀 더 자신에게 솔직해질 필요가 있다는 것을 알려주고 그렇게 했을 때 아이가 얼마나 편안해지는지를 느끼게 해주자. 아이가 자신의 약한 부분을 인정하고 그것을 표현할 때 더 크게 성장할 것이다.

"정말 속상하고 슬프면 울어도 돼." 자신의 감정을 돌아보는 아이가 될 것이다. 눈에 보이는 가시적인 성과를 위해 달리다 보니 취미 시간이 부족하다. 취미를 즐기는 것 같은 3유형도 다른 사람에게 보이는 이미지를 위해서 하는 경우가 있다. 자신의 감정을 표현할 수 있는 예술 활동을 하는 것도 좋다.

모든 것을 내려놓고 아무런 목적의식 없이 편안하게 즐길 수 있는 무언가를 만들어보자. 오늘 아이에게 이 질문을 해보는 것은 어떨까. "네가 정말로 좋아하는 게 뭐야? 아무 생각 없이 재미있게 즐기고 싶은 게 무엇이 있는지 천천히 생각해보자." 3유형 아이가 자신의 능력에 취미를 즐길 수 있는 여유로움까지 갖춘다면 정말 멋진 어른으로 자랄 것이다.

4유형 : 창조적으로
나를 표현하기를 잘해요

내 아이의 가능성을 크게 보고 4유형의 재능을 키워주자!

4유형의 가장 큰 재능은 다른 사람들과 다른 나만의 창의적인 능력을 가지고 있다는 것이다. 남다른 표현력이 발달해서 눈에 띄는 작품을 만들어 낸다. 요즘같이 개성을 중시하는 시대에는 돈 주고도 못 살 재능이다.

또한 직관력과 통찰력이 뛰어나다. 세련되고 우아한 감각을 가지고 있어서 패션 감각과 디자인 감각이 남다르다. 즉 미적 감각이 매우 발달했다. 4유형의 결과물은 매우 매력적이고 품위와 우아함이 있다.

고등학교 때 친했던 친구가 있다. 중·고등학교 시절에 다이어리 꾸미기가 유행이었다. 다이어리 속지 한 장을 꾸미는데 어쩜 그렇게 예쁘고 아름답게 꾸미는지 볼 때마다 놀라웠다. 글씨가 예쁘고 귀여운 건 기본이었다. 그 글씨 주변을 꾸미고 그림을 그리는 데 따라 하지도 못하도록 참 끝내주게 잘했다.

백화점에 가면 패션 카탈로그 같은 걸 얻을 수 있다는 것도 그 친구를 보고 알았다. 카탈로그를 얻어서 그 종이를 이용해 편지를 적었다. 그 친구가 만지면 하나, 하나가 다 감각적으로 변했다. 그 친구는 자신의 재능을 살려서 홈페이지를 제작하는 웹디자이너를 했다. 어떻게 홈페이지에 아련함이 느껴지지? 홈페이지에 생명이 깃든 느낌인데? 이런 느낌은 진짜 4유형만이 가능한 것이라고 생각했다.

아동복 쇼핑몰도 했을 때도 딸의 사진을 직접 찍어서 올렸다. 사진에서 느껴지는 감성이 이 세상 것이 아니었다. 친구는 사진기가 좋아서라지만 그건 사진기의 문제가 아니었다. 지금은 귀걸이, 반지, 목걸이 등의 액세서리를 디자인한다. 정말 누구도 따라서 할 수 없는 자신만의 디자인을 해서 액세서리를 제작하는 모습이 멋져 보였다. 4유형이 자신의 뛰어난 감각과 분위기, 표현력을 깨닫는다면 미술과 음악, 연기 등의 여러 분야에서 두각을 나타낸다.

4유형은 마음이 따듯하고 부드러우며 연민이 많다. 내면세계가 풍부하고 감정의 깊이가 깊다. 다른 사람의 이야기를 잘 들어주고 상대방의 말에 공감을 잘해준다. 따라서 상대방에게 자신이 중요한 사람이라고 느끼게 해준다. 인정과 격려를 잘 해주면서 상대방이 감정을 잘 표현할 수 있도록 도와준다. 또한 자신의 감정을 어떻게 표현해야 하는지도 잘 안다. 4유형은 자신에 대한 성찰도 많이 해 훌륭한 상담사가 될 수 있다.

내가 아는 분들 중에 4유형이면서 상담하시는 분들이 계신다. 그분들의 공통점은 상대방의 마음에 공감을 정말 잘 해주신다는 것이다. 머리로 판단하는 느낌이 아니다. 내가 말하는 순간 내 말을 본인의 가슴에 물들이는 느낌이다. '정말 이해받고 있구나, 저분도 내 마음을 느끼셨구나' 하고 생각했다. 자신이 이해받을 것이라고 생각하니 편하게 이야기하게 된다. 또한 말하는 과정을 통해 이미 치유되는 느낌이 들게 한다. 이게 4유형의 힘이다.

4유형에게 어울리는 직업에는 상담자, 심리학자, 디자이너, 화가, 시인, 드라마작가, 코치, 강사, 컨설턴트, 요리사, 목회자, 프로듀서, 정원사, 테라피스트, 동시통역사, 영화제작사, 공예가, 배우, 작곡가, 작사가, 예술 계통 종사자 등이 있다.

워낙 감수성이 풍부하고 공감을 잘해서 사회에 적응을 잘하고 성공한 사람들도 많다. 단 너무 획일화되거나 다른 사람들과 똑같은 삶에는 금방 질릴 수 있다. 그래서 계획에도 없던 해외여행을 훌쩍 떠나는 사람도 보인다.

어떤 직업을 갖든 자신만의 아이디어나 독창성을 넣어보자. 4유형은 자신의 삶터에서 창의성을 발휘할 무언가를 하는 것만으로도 큰 기쁨을 얻을 것이다. 너무 독특하다고 손가락질을 받는 것이 아니라 독특함이 특별함이 될 것이다. 4유형 아이는 자신이 온전히 받아들여지는 삶을 통해서 자신의 색깔을 찾을 것이다. 자신만의 색깔로 이 세상을 물들일 4유형 아이들을 진심으로 응원한다.

4유형의 상처를 보고 내 아이 힘으로 길러주자!

4유형 아이는 자신에 대해 낮게 평가하며 자신감이 부족하다. 자신은 운이 없다고 생각하며 다른 친구를 부러워한다. 인간관계에서 생기는 일들을 정면으로 해결하려고 하는 의지가 부족하다. 자신의 행동과 말을 지나치게 못나게 보고 비난한다.

삶의 긍정적인 부분보다 부정적인 부분에 초점을 둔다. 얻은 것보다 잃은 것에 더 초점을 둔다. 자신이 힘들 때 자신의 힘으로 일어나기보다 다른 사람이 자신을 바라보게 해 힘들다고 말한다. 스스로 일어나는 힘이 필요하다.

내 주변의 모든 4유형의 공통점은 모두 자신만의 특기를 가지고 있다는 것이다. 그런데 자신의 그 능력을 과소평가하고 있다. 다른 사람이 칭찬해주고 알아 봐주면 너무 기뻐하고 행복해한다. '나도 그렇게 생각하고 있었어'의 느낌이 아니다. '진짜? 나는 내가 그 정도는 아니라고 생각했는데, 그렇게 봐줘서 너무 고마워'라는 느낌이다. 난 궁금했다. 진짜 본인의 실력을 이렇게 과소평가 하는 것일까? 그냥 겸손한 게 아닐까?

자신의 특별한 손재주로 1인 창업을 한 분을 알게 되었다. 정말 감각이 뛰어나고 자신의 능력에 자신감도 넘친다. 실제로 자신을 찾아오는 사람들에게 자신의 자신감과 특별함을 많이 이야기한다. 나는 그분의 사진과 말씀하시는 내용을 보고 4유형이라고 생각하게 되었다. 그래서 결과물에 대한 의심을 하지 않고 찾았다.

내가 왜 그분을 찾게 됐는지 이야기를 들으시고는 자신이 필요한 말이었다며 눈물을 보이셨다. 그리고 나를 따뜻하게 안아 주시기까지 했다. 그분도 자신의 가슴 속 깊은 곳에서는 나를 정말 인정해주고 자존감을 높여줄 무언가가 절실히 필요하셨던 것이다. 그분을 보고 느꼈다. 4유형에게 진짜 자신의 숨은 보석을 발견하게 하고 알아만 주는 것으로도 큰 힘이 되겠다는 것을 말이다.

이미 재능을 가지고 태어난 4유형 아이가 자신의 보석을 발견하고 자신감과 자존감을 높일 수 있게 도와주자. 그리고 이렇게 말해주자. "너는 이미 충분히 대단하고 아름다워. 너 자신을 사랑해줘."

4유형 아이가 제일 힘들어하는 것이 감정적인 것에 매몰되어 현실에서 해야 할 것들을 잊게 되는 것이다. 사소한 일에도 우울해하고 상처를 쉽게 받는다. 자신이 힘들 때 자신을 바라봐주길 바란다. 상대의 말을 너무 개인적인 것으로 받아들인다. 그래서 대하기가 조심스럽고 때로는 상대가 죄책감이 들게 한다.

4유형은 자신의 감정도 잘 느끼고 상대의 감정도 잘 느끼는 대신 그 감정을 곱씹는다. 그 감정을 온전히 느껴야 해결되는 경우가 많기 때문에 주변 사람이 지칠 수 있다. 다른 사람이 화를 내면 수치심이 들고 뭔가 잘못한 것 같을 때는 죄책감이 든다.

내 아들도 친구들 말로 자신이 작아지는 느낌이 들 때 힘들어했다. 나에게 혼났을 때도 작아졌다. 모든 감정을 빠짐없이 받아들이다 보니 힘들어했다. 아들은 자신이 왜 이렇게 예민할까, 왜 이렇게 상처를 많이 받을까 고민도 했었다.

　부모는 아이가 감정에 사로잡혀 있을 때, 아이의 감정이 무엇 때문에 그런지 헤아려 준다면 아이는 더 빨리 자신의 감정에서 나올 것이다. 하지만 이때 서두르지 않고 기다려주면서 이야기를 해야 한다. 아이 옆에 항상 있어 주는 누군가가 있다는 걸 계속 보여주는 게 제일 중요하다.

　아이가 친구를 부러워할 때는 그런 마음이 드는 것을 공감해주자. 아이가 못나서 부러운 것이 아니라는 것을 알려주고 아이도 연습해서 될 수 있다는 것을 알려주자. 아이가 행동으로 옮기지 못하고 감정에 갇혀 있을 때는 적절한 행동을 말해준다. "이렇게 하면 어떨까? 그런 생각이 들 때 이런 행동을 하면 도움이 될 것 같아." 내 아이도 친구들과의 관계에서 갈팡질팡할 때 해결책을 제시해준 것이 많은 도움이 되었다고 한다.

　자신에 대한 부정적인 감정에 빠져 있지 않도록 아이의 장점을 항상 이야기해준다. "○○이는 그림을 열심히 그리는 게 장점이야." "○○이는 친구들이랑 재밌게 노는 게 장점이야." 정말 아무것도 아닌 일도 칭찬해주면 진심으로 좋아한다. 그리고 아이의 자존감도 올라간다.

　아이에게 너는 운이 좋은 아이라는 것을 말해줌으로써 긍정적인 시각을 높이도록 도와주자. "우아! 럭키맨! 너는 진짜 운이 좋은 아이야. 부럽다." 이렇게 반복해서 이야기해주다 보면 인생의 어두운 면이 아니라 밝은 면에 초점을 두는 것이 쉬워진다. 4유형 아이들이 자신의 소중함까지 깨닫게 된다면 평범한 하루에서도 진짜 행복을 느끼는 사람이 될 것이다.

5유형 : 관찰하고
탐구하는 걸 잘해요

내 아이의 가능성을 크게 보고 5유형의 재능을 키워주자!

5유형은 지적이고 독립적이며 통찰력이 있다. 책임감이 강하고 침착하고 태연한 성격이다. 다양한 분야의 지식이 있어 명석하다. 어떤 일을 시작하면 완벽하게 끝내려고 최선을 다한다. 인내심이 있어 무언가를 할 때 꾸준하다. 하나를 하면 끝까지 한다. 깊고 해박한 지식을 가지고 있다. 그래서 한 분야의 전문가들이 많다. 탐구심이 대단하고 관습에 얽매이지 않는다.

내가 아는 5유형은 정말 해박한 지식이 있다. 모르는 게 있으면 그분에게 여쭤본다. 미국에 혼자 공부하러 가서 미국의 정교수가 될 때까지 정말 한시도 쉬지 않고 앞만 보고 달렸다. 한 분야의 최고가 되기 위해 거의 20년을 넘게 연구하였다. 조금의 흠도 허락하지 않으며 끝까지 최선을 다해 성취한다. 완벽한 결과를 내기 위해 잠자는 것도 잊고 먹는 것도 잊고 연구하신다. 탐구 정신 하나로 무에서 유를 창조한 느낌이 들게 한다.

교수는 5유형의 지적이고 독립적인 성격에 정말 어울리는 직업이다. 나는 그분이 이제 더 큰 일을 하실 것이라고 생각한다. 항상 한결같음으로 지식과 지혜, 깨달음이 쌓일 것이기 때문이다. 자신의 연구로 세상에 큰 도움이 되는 일을 하고 있는 5유형의 모습이 멋있다.

5유형은 신중하고 조심스러운 성격이다. 말수가 적어 조용하며 차분하다. 생각을 정리해서 잘 이야기하며 점잖게 말해서 듣는 사람이 편안하다. 입이 무거워서 비밀보장이 된다. 믿음이 가서 나의 이야기를 편하게 할 수 있다.

상대와 말을 많이 하지 않으면서도 함께 있을 수 있다. 자신의 시간을 존중하는 만큼 상대의 시간도 존중해준다. 이야기를 잘 들어주며 재치가 있다. 약속을 잘 지켜서 신뢰가 간다. 객관적인 사고를 해서 상대방이 자신의 문제를 객관적으로 바라보도록 돕는다.

내 사촌이 5유형인데 어렸을 때는 분명히 말도 많고 장난기도 많았다. 그런데 자라면서 정말 조용하고 차분해졌다. 우리 가족끼리는 풀리지 않는 미스테리라고 말한다. 어렸을 때 모습을 본다면 절대 5유형이라고 믿지 못했을 것이다. 하지만 지금은 누가 봐도 5유형의 모습이다.

신중하고 상대의 말을 편안하게 들어주며 믿음이 간다. 과학기술 분야에 취직해서 자신의 역량을 한껏 발휘하고 있다. 자신의 전문지식이 빛나는 직업을 선택한 것이다. 머리를 사용하는 일에 적합해서 꾸준히 연구하고 결과물을 내놓는 일을 잘한다. 5유형인 사촌도 한 분야의 전문가가 되었다.

5유형에게 어울리는 직업에는 건축설계, 과학자, 교수, 첨단산업 종사자, 학자, 반도체 종사자, 컴퓨터 프로그래머, 변호사, 의사, 법무사, 전자분야, 조사분석가, 사진사, 측량사, 생물학자, 화학자, 작가, 예술가, 의료분야, 금융종사자, 컨설턴트 등이 있다.

대체로 공부하고 연구하며 전문적인 지식이 필요한 일이 맞는다. 창의적이며 집중력을 필요로 하는 일, 정보를 수집·분석하는 일이 맞는다. 논리적으로 통계를 내는 일이 맞으며 감정노동이 없고 대인관계가 적은 일이 적합하다.

신체적인 능력과 힘을 이용한 스포츠 분야는 잘 안 어울린다. 사생활 보호가 안 되는 일보다는 비공개적인 일이 적성에 맞는다.

5유형 아이들은 명석한 두뇌와 집중력을 가지고 전문가가 될 것이다. 자신만의 분야에서 두각을 나타낼 5유형 아이들을 진심으로 응원한다.

5유형의 상처를 보고 내 아이 힘으로 길러주자!

5유형은 보통 이론만 내세우고 행동으로 옮기지 않는다. 생각이 많아서 행동으로 옮기기를 어려워하는 것이다. 갈등에 맞서기보다 피한다. 문제가 생기면 함께 풀려고 하지 않고 숨어버린다. 신중하다 보니 일하는 속도가 느리다. 현실적이기보다 추상적인 말을 많이 한다. 알기 위해 집착하며 지식에 집착한다.

한번 결심하면 바꾸지 않아 타협이 힘들다. 너무 조용해서 무슨 생각을 하는지 알 수 없다. 기분이 안 좋으면 말을 더 안 한다. 외모에 신경을 거의 안 쓴다. 개인적이어서 사회성이 부족해 보일 수 있다.

가르치던 학생 중에 정말 똑똑한 5유형 학생이 있었다. 특히 수학과 과학을 정말 잘했고 나머지 과목도 우수했다. 수업시간에 떠드는 일도 없고 차분하게 수업을 들었다. 무엇보다 노트필기를 참 잘해서 친구들이 노트필기를 보고 싶어 했다.

하지만 절대 있을 수 없는 일이었다. 아주 조금만 보고 준다고 했는데도 거절당하자 친구들은 치사하다고 생각하는 것 같았다. 조금 더 부드러운 말로 거절하거나 이야기하면 좋을 텐데 그 학생이 무뚝뚝하게 말하자 친구들이 상처를 받았다.

수업시간에 듣지 않고 왜 노트필기를 보려고 하냐는 것이다. 사실 이 학생의 마음은 이해가 되었다. 하지만 노트필기는 보여주지 않더라도 나중에 본인의 것을 공유하고 나누는 것도 중요하다는 것을 알 필요가 있다.

"너의 것을 사람들과 나눠봐." 이 말은 5유형에게 정말 중요한 말이다. 자신의 것을 공개하고 나누는 것을 배울 때 5유형의 가능성이 더 크게 열린다.

5유형은 무뚝뚝해보이고 사람들과 감정교류가 원활하지 않다. 자신의 생각과 감정을 잘 표현하지 않아 가까운 관계가 되고 싶어도 거리감이 느껴진다. 상대방에게 무관심해보이고 냉정하게 느껴지게 한다.

상대의 감정적인 부분을 이해하지 못하고 상대에게 상처를 주기도 한다. 자신의 문제를 상대와 공유하지 않아 함께 무언가를 하기가 힘들다. 자신의 지식이 옳다고 생각하고 너무 비판적으로 나올 때가 있어 다가가기 힘들다.

예전에 내 친구가 5유형 남자 친구 때문에 속상해했던 일이 있었다. 내 친구는 성격이 굉장히 밝고 감정표현을 잘한다. 그에 비해 남자 친구는 차분하고 조용하며 말수가 적어 좋았다고 한다. 그런데 데이트를 잘하다가 무슨 일인지 모르게 갑자기 남자 친구가 말이 없어지다 못해 질문을 해도 대답을 안 한다고 했다.

내 친구는 문제가 있으면 바로 풀어야 하는 성격인데 너무 참기 힘들어했다. 그때 당시에 무슨 일 때문에 그런지는 그 이후에도 알 수가 없었다. 감정표현이 너무 적다 보니 자신을 사랑하는지조차 헷갈려 하며 힘들어했다. 사람 관계에는 감정이 빠질 수가 없다. 5유형에게는 감정을 솔직하게 표현하는 연습이 정말 중요하다.

5유형 아이를 둔 부모라면 내 아이가 작은 것부터 사람들과 나누는 연습을 시키면 좋다. 그게 지식이든, 자신의 감정이든 뭐라도 좋다. 하지만 처음부터 억지로 시키면 역효과만 나서 자신의 방에 갇혀버릴지도 모른다.

먼저 자신의 생각과 감정을 정리할 수 있는 충분한 시간을 주는 것이 중요하다. 그리고 부모가 먼저 작은 감정을 표현하는 것을 보여주자. 감정표현에 익숙해진 아이는 좀 더 솔직한 자신의 감정을 이야기하기 쉬워질 것이다.

그리고 정말 중요한 것이 있다. 5유형은 운동이 부족한 경우가 많다. 머리를 쓰는 것은 좋아하나 몸을 사용하는 것은 싫어하기 때문이다. 매일 조금씩 하는 운동으로 공부가 더 잘 된다고 이야기해주면 운동을 잘할 수도 있다. 실제로 운동을 하고 공부를 하면 두뇌 회전이 빨라진다고 한다.

"모든 것에 전문가가 되지 않아도 된단다." 이 말은 '지식이 곧 힘'이라고 생각하는 5유형 아이에게 필요한 말이다. 지식적인 것에 집착하지 않고도 삶을 풍요롭게 보내는 방법을 알려주자. 자신의 감정에 닿을 수 있는 5유형 아이가 얼마나 자신의 일을 사랑하며 만족하는 삶을 살지 상상해보자.

6유형 : 어른 말을 잘 따르고 성실해요

내 아이의 가능성을 크게 보고 6유형의 재능을 키워주자!

6유형은 생각이 깊고 관계에 매우 충실하다. 상대가 어려운 일이 있을 때 지지해준다. 내 옆에 계속 있어 줄 것이라는 믿음이 생긴다. 마음이 따뜻하고 다정한 성격이다. 인정이 많으며 남을 잘 보살핀다. 상대가 두려워하는 마음을 잘 이해해주고 안심시켜준다. 또한 상대방에 대한 이해심이 많다. 그리고 상대가 필요로 할 때 늘 도움을 준다.

중·고등학교 친구 중에 6유형 친구가 있다. 친구는 꼼꼼한 성격을 살려 대학교 연구실에서 연구를 했다. 법 없이도 살 것 같은 착한 친구다. 내 말을 잘 들어주고 잘 웃어준다. 정말 오래간만에 통화를 해도 전혀 불편하지 않은 사이다. 항상 변함없이 그 자리에 있어주는 친구다.

연락이 안 닿았던 시간 동안 친구의 에니어그램과 MBTI를 생각했다.

아니나 다를까 MBTI 검사를 했었다고 해서 결과가 궁금했다. 결과를 잊어버려서 다시 검사하고 알려줬는데 내가 생각한 것과 똑같았다. 역시 이 친구는 내가 생각하던 친구가 맞다는 생각이 들면서 기분이 좋았다. 친구에게 에니어그램 이야기를 하면서 앞으로 사춘기에 접어들 아들 이야기까지 같이 하자고 말했다.

6유형은 성실하고 자신이 중요하게 생각하는 신념을 지킨다. 양심적으로 행동하며 공정하고 공평하다. 연민이 많아 어렵고 불쌍한 사람들을 잘 보살펴준다. 지적이고 호기심이 많으며 유머 감각이 있다. 책임감이 강해서 매우 열심히 일하고 실질적이다. 한번 결심하면 끝까지 밀고 나가는 뚝심이 있다.

나의 아버지는 오랫동안 공무원을 하셨다. 아버지도 정말 법 없이 사실 선한 분이시다. 항상 사람들이 보면 인상이 참 좋으시다는 이야기를 많이 한다. 직장을 다니시는 동안 정말 성실하고 충직하게 일을 열심히 하셨다. 단 한 번도 꾀를 부리지 않고 일을 하셨다. 꾀를 안 부린 일은 어린 나이에 부모님을 도와 방학도 반납하시고 밤낮으로 농사일을 도우셨다는 이야기를 들어도 알 수 있었다. 아버지는 6유형의 표본이라는 생각이 든다.

아버지가 6유형이라는 것을 알고는 왜 공무원을 택하셨는지, 그리고 왜 자신보다 직장을 더 중시하는 신조로 사셨는지 알 것 같았다. 단 유머 감각은 없으신 것 같다. 좀 썰렁한 개그를 하시고 나의 유머를 이해 못 하실 때가 있다. 사람이 너무 완벽하면 재미 없지 않은가.

6유형에게 어울리는 직업에는 공무원, 교사, 교수, 사무직, 연구원, 데이터베이스 관리자, 약사, 대출담당자, 은행원, 세무사, 회계사, 금융업, 보험 관련, 방위산업 관련, 도서관 사서, 경찰, 군인 소방구조대, 신용조사원, 인쇄출판 직업 등이 있다.

변화가 많고 역동적인 직업보다는 안정된 환경을 갖춘 직장이 잘 맞는다. 그리고 소속감을 느낄 수 있는 곳을 좋아한다. 차분한 일을 잘하며 책임소재가 분명하고 역할이 확실한 직장이 좋다. 정보를 수집하고 정리하는 일, 사무직 등도 잘 해낸다.

한마디로 가이드 라인이 확실한 직업이라면 6유형 아이들이 안심하고 자신의 역량을 발휘하기 충분할 것이다. 신중하고 꼼꼼한 성격으로 성실한 하루를 보내는 6유형 아이들의 미래를 진심으로 응원한다.

6유형의 상처를 보고 내 아이 힘으로 길러주자!

6유형은 걱정이 많고 너무 조심스럽다. 의심이 많으며 일어나지 않은 일에 마음을 많이 쏟는다. 신중함이 과해 새로운 도전과 시도를 두려워한다. 어떤 결정을 할 때 시간이 많이 걸려서 꾸물거리는 것처럼 보인다.

조바심을 내고 초조해하며 상대방을 통제하려고 한다. 의지대로 행동하는 것을 어려워한다. 외부인을 경계하며 항상 지원과 안내를 바란다. 융통성이 없고 사소한 일에 흥분하고 화를 낸다.

6유형의 동료 교사가 있다. 학교에서 일을 꼼꼼하고 차분하게 정말 잘한다. 뭐든지 시간 내에 늦지 않고 미리 준비한다. 학교에서 일어나는 일, 해야 하는 일은 이 선생님에게 여쭤보면 반 이상은 한다. 즉 행정적인 일은 너무 쉽게 잘하셨다.

하지만 학생들과의 일이나 갑작스럽게 생기는 일에 대해서는 망설이셨다. 주변 사람에게 작은 것도 물어보며 일을 처리하였다. 그리고 혹시나 일이 잘못되었을 경우를 항상 생각하시며 걱정하셨다. 사실 해야 할 일은 그 누구보다 잘 알고 있는데 결정할 때까지 시간이 걸려서 나보다 늦게 할 경우가 있었다.

그러고 보면 저질러보는 7유형과는 많이 다르다. 달라서 그런지 성격은 잘 맞았다. 나는 그냥 하면 되지 않을까 생각했지만 그 선생님은 혹시나 하는 생각에 못 하는 경우가 많았다.

6유형 아이가 불안해하고 망설이며 결정을 못 할 때가 많이 있다. 그럴 때 아이가 불안해하는 모습을 지적하면 안 된다. 아이의 원래 기질은 받아주되 자신의 그런 모습을 인식하게끔 도와주자. 과연 지금까지 걱정한 일이 진짜로 일어난 적이 있는지를 생각하게 해보자. 그리고 항상 "괜찮아. 오늘도 괜찮고 내일도 괜찮을꺼야"라고 이야기해주며 아이를 안심시켜주자.

6유형은 예측이 불가능하고 까다로운 성격이다. 비난을 잘하고 냉소적이다. 변덕이 심하고 부정적이다. 문제가 생기면 책임을 전가할 때가 있다. 상대가 칭찬하고 좋은 말을 해줘도 숨은 의도가 있지 않을까 생각한다. 갑작스러운 변화나 모험을 두려워한다.

조금만 정도에서 벗어나도 극단적인 대처를 한다. 정해진 시간 내에 못하면 혼란스러워한다. 같은 이야기를 반복하며 확인해 힘들 때가 있다. 일이 잘될 수 있다는 긍정적인 부분은 보지 않고 항상 걱정만 한다.

친한 친구의 아들이 6유형이다. 평소에는 정말 모범생인데 가끔 정반대의 성격이 나온다. '그 애가 이 애가 맞나?' 싶을 때가 있다. 괜히 투정부리고 괜히 떠보는 것 같은 모습을 보이며 짜증을 낼 때가 있다. 여동생이 있는데 놀이터에서 같이 놀다가 안 보이자 엄마보다 더 먼저 나서서 동생을 찾았더란다. 그것도 동생이 사라져서 어떡하냐고 울면서 동네방네를 다 돌아다녔다.

다 찾고 나서는 엄마 때문이라면서 어찌나 엄마를 괴롭혔는지 말도 못한다고 한다. 엄마에게 무언가를 부탁하면 대답을 한 10번은 들어야 할 것처럼 계속 대답을 강요해서 친구가 힘들어했다. 엄마는 지쳐서 결국 짜증을 내고 아이도 짜증을 내면서 끝낸다.

6유형 아이가 과민 반응을 할 때는 같이 강하게 반응하는 것은 좋지 않다. 아이의 불안과 두려움만 커지기 때문이다. 아이의 마음속이 불안하기 때문에 일어나는 일들이라는 것을 이해하자.

"뭐가 불안한 거니?" "불안할 때 너는 어떻게 행동하고 있는 것 같아?"

아이가 불안해하는 대상을 인식하게 하자. 그리고 그때 자신이 어떤 행동을 하는지 깨닫게 된다면 자신의 불안과 두려움을 조절할 수 있는 아이가 될 것이다.

'꺼진 불도 다시 보자.' '아는 길도 물어서 가라.' 6유형의 마음을 대변하는 말들이다. 6유형은 항상 가이드 라인을 찾고 있다. 하지만 그것만이 정답이 아니라고 이야기해주자. 누군가에게 결정을 미루는 게 습관이 될 수 있다. 그렇게 되면 다른 사람에게 결정을 미루고 내가 원하는 것을 찾지 못하는 일이 생긴다.

"네가 진짜 원하는 게 뭐니? 네 생각은 어때?" 아이가 자신이 진짜 원하는 것이 무엇인지 생각해보고 자신이 결정할 수 있도록 도와주자.

6유형 아이가 우유부단함을 버리고 단호하게 결단을 내리게 된다면 그 누구보다 멋진 삶을 살 것이다. 결단이라는 것은 내가 그렇게 되겠다, 하겠다라고 하는 굳은 의지다. 이 사람, 저 사람에게 의견을 묻지 말고 나를 믿도록 해주자. 소신 있게 대처하는 방법을 익히게 되어 결국 자신을 믿는 멋진 사람이 될 것이다.

자신을 믿는다는 건 굉장히 어렵지만 정말 중요한 것이다. 나를 믿는 6유형 아이! 생각만 해도 뿌듯한 일이다. 나를 믿는 6유형 아이가 못할 것은 아무것도 없을 것이다.

7유형 : 명랑하고 호기심이 많으며 열정이 넘쳐요

내 아이의 가능성을 크게 보고 7유형의 재능을 키워주자!

7유형은 정말 밝은 에너지를 가지고 있다. 그 에너지는 스스로도 빛나지만 주변 사람들까지 환하게 밝혀준다. 자신은 물론 이 세상을 긍정적으로 바라볼 줄 안다. 이상주의자이기 때문에 더 나은 세상을 만들고 싶어 한다.

권위를 싫어하며 관대한 성격이다. 사람이 즐거워 보이고 함께 놀면 재미있다. 7유형은 자기 자신을 스스로 멋진 사람이라고 생각한다. 삶의 문제들로 좌절하기보다는 딛고 일어나는 긍정적인 사람이다.

7유형인 나는 중학교 교사다. 나에게 수업 시작은 교실에 들어가기 전부터다. 왜냐면 내 에너지는 이미 교실 밖에서부터 방방거리고 교실 문을 뚫고 들어갔기 때문이다. 나는 내가 교사라고 생각하지 않고 학교

안에서의 연예인이라고 생각하고 다녔다. 학교를 즐긴 것이다.

수업도 내 에너지로 꽉 채우는 것을 좋아했다. 밝고 재미있게 하려고 노력했다. 그래서 학생들과 에너지 쿵짝이 잘 맞았던 것 같다. 너무 에너지가 넘쳐서 수업시간이 끝나도 아이들과 이야기하느라 쉬는 시간에도 교실에 남아있기 일쑤였다. 그러다가 다음 수업시간을 가려고 후다닥 나왔다.

7유형은 다재다능하고 아이디어가 많다. 7유형들의 머릿속에 떠오른 것들을 다듬어서 실행했다면 세상이 많이 변했을 것이다. 뒷심이 약하거나 생각에서 그치기 때문에 실행은 많이 못 되지만 아이디어 하나는 끝내준다. 열정과 호기심이 많고 모험을 즐긴다. 열린 마음으로 삶을 즐기는 자유로운 영혼이다. 사람들과 자연스럽게 잘 어울리고 융통성이 있다.

내 원래 꿈은 유치원 교사, 초등학교 교사였다. 아이들을 워낙 좋아하고 모든 과목을 다 좋아했다. 다양한 분야에 조금씩 자신이 있었다. 체육도 좋아하고 음악도 좋아하고 미술도 좋아하고 다른 과목도 다 좋았다. 그럼 뭘 하면 좋을지 생각하니까 유치원 선생님 아니면 초등학교 선생님이었다. 물론 지금은 중학교 교사를 하고 있지만, 아이들을 보면 정말 너무 잘한 선택이라고 생각한다. 아이들을 보면 그냥 행복해진다.

내가 아는 7유형 지인이 있다. 정말 영업을 잘한다. 팀에서 1등을 하는 것은 기본이고 정말 일을 즐겁게 한다. 새로운 도전을 두려워하지 않는다. 또 다른 7유형 지인은 간호사를 하다가 웹소설 작가가 되었다. 자신의 꿈을 찾아서 지치지 않고 도전을 하는 7유형이 참 멋지다.

7유형에게 어울리는 직업에는 광고 관련 종사자, 영업사원, 사진작가, 엔터테인먼트 종사자, 배우, 카레이서, 간호사, 탐험가, 교사, 코치, 파일럿, 승무원, 여행가이드, 여행작가, 상품개발자, 기자, 음식평론가, 기획담당자, 감독, 프리랜서 등이 있다.

7유형은 다양한 사람과 만나면서 많은 곳을 돌아다니는 일이 불편하지 않다. 남을 돕는 분야나 순발력이 필요한 분야, 기획하는 일도 잘 맞는다. 중요한 것은 아이가 좋아하는 일인가이다. 아이의 밝은 에너지를 유지할 수 있으면서 남에게 도움이 되는 직업이라면 아이는 자신의 재능을 십분발휘할 것이다.

매일 아침마다 오늘은 또 어떤 신나는 일이 펼쳐질까 신나는 모험을 떠나는 아이처럼 행복해할 것이다. 다재다능함과 밝은 에너지로 이 세상을 환하게 밝힐 7유형 아이들을 진심으로 응원한다.

7유형의 상처를 보고 내 아이 힘으로 길러주자!

7유형은 다른 사람들의 행동이 느리거나 꾸물거리는 것을 못 기다린다. 늘 서두르고 무슨일이든 빨리 처리하려고 한다. 그래서 충분히 검토하기 전에 일을 시작해버리는 일이 많다. 상대방과 상의 없이 독단적으로 일을 추진할 때가 있다.

자신이 해야겠다고 생각한 것을 꼭 해야 직성이 풀리는 스타일이라 상대방이 자기중심적이라고 느낀다. 누군가에게 얽매이는 것을 정말 싫어하고 부담스러워한다. 상대방에게 냉정해 보일 수 있으며 감정의 깊이가 없어 보인다. 생각이 많아서 정리가 잘 안 되듯이 물건을 정리정돈하는 능력이 약하다. 그리고 부정적인 사람이나 말을 잘 참지 못한다.

내가 7유형이다 보니 정말 공감이 가는 내용이 많다. 일단 내가 내 아들에게 화가 나는 포인트는 항상 비슷했다. 행동이 느리거나 꾸물거릴 때였다. 사실 그 꾸물거린다는 느낌도 절대적인 시간이라기보다 나만의 기준일 뿐이었다. 그런데! 그런데! 정말 기다린다는 게 이렇게 힘든지 아이를 키우면서 느끼고 있다. 기다려야지, 기다리자. 나 혼자 마음속으로 매일 외친다.

"어때, 엄마 잘 기다렸지? 오늘 엄마 진짜 많이 기다렸다." 이 말은 내가 내 자신에게 잘했다는 칭찬이기도 했지만 내 말을 듣고 아들이 좀 더 일찍 해주길 바랐던 것일 수도 있다.

나는 내가 기다려야 하는 상황이 오면 심호흡을 한다. 아마 다른 사람들은 그럴 것이다. 그냥 기다리면 되지 심호흡까지 하냐고. 7유형은 기다리는 상황이 정말 웬만한 인내심이 아니면 힘들기때문에 심호흡보다 더한 것이 필요할 수도 있다. 웃자고 보태서 이야기하면, 전기충격기로 나를 잠시 기절시켜야 하나 생각한 적도 있었다.

아무튼 길게 숨을 들이쉬고 내쉬는 게 아주 도움이 된다. 재밌는 건 내가 그렇게 하고 있을 때 아들이 알아서 서두르는 건 덤으로 얻는 이득이다. 실제로 심호흡은 신체적 긴장을 떨어뜨리고 스트레스를 줄여주는데 아주 탁월하다는 연구결과가 있다.

나는 아들에게도 이 심호흡을 시키고 있다. 7유형 아이가 한 박자 멈

취서 생각해야할 때 심호흡을 해야겠다고 연결해서 생각하는 것 자체가 아주 큰 변화다. 자신이 심호흡이 필요한 상황이 왔다는 것을 알게 된 것은 자신에 대한 큰 알아차림이기 때문이다.

7유형은 방어적이다. 자신을 합리화하기 위해 돌려 말할 수 있다. 자신이 하는 경험들을 포기하기 싫어서 약속시간을 넘겨버릴 때가 있다. 규칙을 가볍게 생각하는 경우가 있다. 이 모든 건 규칙을 중시하고 계획적인 사람들에게 정말 안 좋은 시나리오가 될 것이다.

또한 열정이 지나쳐서 문제가 된다. 정신이 없어 보이고 산만해 보인다. 자신이 열정을 쏟고 있는 것에 너무 집중해서 옆에 있는 사람이 같이 시간을 보내기 어렵다. 7유형은 또한 심각한 분위기를 힘들어한다. 어떨 때는 자신의 행동에 책임을 지지 않고 떠나버린다.

내 아들 친구 중 7유형 아이가 있다. 항상 말할 게 많고 즐길 게 많은 아이다. 그러다 보니 친구들과 놀다가 자주 삼천포로 빠진다. 이야기하고 싶어서 나에게 올 때도 있고, 놀다가 다른 걸 할 때도 있다. 친구들은 어디 갔냐고 찾는데, 나는 그 모습이 너무 재밌다. 나는 그럼 그 친구를 불러서 이야기해준다.

"빨리 가봐야 할 것 같아. 친구들이 찾는다. 게임하다가 온 거지?"

그럼 이야기가 끝나자마자 친구들에게 달려간다. 이렇게 바로 말을 해주면 깨닫고 원래 하던 것을 찾아간다. 하지만 또 언제 올지 모른다는 게 함정이다.

7유형 아이가 정말 힘들어하는 게 있다. 중요한 일을 잊지 않고 하는 것이다. 그래서 7유형 아이들을 위한 진짜 꿀팁은 오늘 꼭 해야 할 일을 몇 가지 정하는 것이다. 간단한 것 같지만 7유형에게는 정말 정말 중요한 일이다. 꼭 해야 할 일을 2가지든 3가지든 미리 생각하거나 적게 하자. 아이가 먼저 못한다면 부모가 미리 짚어주자. 일의 우선순위를 정해야 삼천포로 빠지는 7유형을 붙들 수 있다.

또한 아이에게 삶의 고통은 피하는 것이 아니라 직면해야 하는 것임을 알려주자. 7유형은 즐거운 것, 신나는 것에 매여서 다른 감정들을 등한시할 수 있다. 모든 감정이 다 소중하다는 것을 알려주자. 세상에는 밝은 면이 있다면 어두운 면이 있다는 것을 알려줘야 한다. 어두운 면이 없다면 밝은 면도 존재할 수 없다. 양쪽을 균형 있게 바라볼 수 있도록 해주자. 슬픔, 외로움, 괴로움 등의 감정들도 다 우리가 느끼는 감정이고 필요한 감정이라는 것을 말이다.

아이가 항상 밝아 보인다고 밝은 일만 있다고 생각하면 안 된다. 밝은 가면 안을 들추면 자신이 괴로워질 것 같아 숨기고 있는 감정이 있다. 평소에 대화를 통해 아이가 쉽게 자신의 감정을 이야기할 수 있도록 하자.

별로 예민하지 않을 것 같은 7유형이 아주 예민해질 때가 있다. 자신을 비난하거나 비판하는 말을 들으면 굉장히 방어적으로 변한다. 아이가 방어하고 싶은 마음이 안 들도록 부드럽게 부탁하듯이 말해주자. 이 작은 차이가 아이의 큰 변화를 만든다.

시작은 창대하나 끝은 미약하다는 말이 7유형에게 참 어울리는 말이다. 넘치게 하는 것보다 적더라도 끝까지 마무리하는 유종의 미를 알려주자. 작은 일부터 마무리를 하는 경험이 쌓이다 보면 아이의 습관이 되어 있을 것이다. "너는 할 수 있어!"라는 한마디에도 힘을 얻어 으쌰으쌰 하는 7유형 아이의 모습이 그려진다.

8유형 : 대장이 되어 친구들을 지켜주기를 잘해요

내 아이의 가능성을 크게 보고 8유형의 재능을 키워주자!

8유형은 강한 신념을 가지고 행동하며 주위에 영향을 미친다. 열정적이고 결단력이 있다. 긴장하는 법이 없으며 대범하고 힘이 넘친다. 자기 스스로 움직이고, 의견이 분명해서 자신의 생각을 말로 잘 표현한다.

자신감이 넘치며 자신이 하는 일에 대한 의심이 없다. 솔직하고 정직하며 다른 사람 눈치를 보지 않는다. 망설이지 않고 행동이 빠르다.

내가 근무했던 학교의 학생부장 선생님이 8유형이셨다. 여자 선생님이신데 나의 롤모델이셨다. 어떤 일을 결정할 때 신념이 확고하셨다. 그리고 카리스마가 있어서 아이들도 선생님을 잘 따르고 동료 선생님들도 그분을 많이 의지했다. 일 처리가 확실하시고 믿음이 갔다.

유머까지 겸비하셔서 거부할 수 없는 매력이 있는 분이셨다. 정말 재

있는 것은 내가 그분을 이어 학생부장 교사가 됐었다는 것이다. 교감 선생님께서는 학생들과 소통하는 학생부장 교사가 되라고 하셨다. 그 일 년 동안 정말 많은 걸 배웠다.

그리고 내가 이전 학생부장 선생님과 어떤 점이 다른지 확실하게 알게 되었다. 나는 학생들과 소통을 하려고 노력했지만 카리스마가 많이 부족했다. 그분은 8유형, 나는 7유형이니 일단 시작부터가 달랐다. 아, 그분에게서 나오는 아우라는 내 것이 될 수 없었구나. 이제 그 이유를 너무나도 선명하게 알겠다.

8유형은 용감하게 앞장서서 일을 처리한다. 자신 있게 일을 맡고 단호하게 일을 결정한다. 다른 사람들의 목표를 달성할 수 있도록 격려를 잘한다. 친한 사이에서는 부드러운 면이 있다. 꾸밈이 없으며 상대방도 솔직해질 수 있도록 용기를 준다. 약자를 보호해주고 힘을 준다. 가식적인 사람에게 솔직한 자신의 의견을 말할 줄 안다. 상대방이 특별한 존재라는 생각이 들도록 한다.

아이 친구의 엄마 중에 학원을 운영하는 원장선생님이 있다. 교사를 하다가 학원을 차리게 되었다고 했다. 그 결단력도 멋있지만 학원을 지금까지 훌륭하게 운영하는 모습이 대단해 보였다. 사람이 솔직하고 자신감 있다. 그리고 자신이 믿고 아끼는 사람들을 보호하고 도움을 주고 싶어 한다.

겉으로 보이는 모습은 여장부 같고 카리스마도 있지만 속은 여리고 부드러운 성격이다. 의리가 있다는 느낌을 주며 용감한 8유형의 모습이 있다. 학생들을 대할 때나 직원들을 대할 때나 망설임이 없다. 어떤 결정을 할 때도 굉장히 통 크고 화끈한 결정을 한다. 도전하는 8유형의 모습이 이런 거구나, 생각했다.

8유형에게 어울리는 직업에는 사업가, 경영자, 공장 매니저, 부서장, 변호사, 액션 연기자, 신규사업 개척자, 독립 컨설턴트, 경찰관, 경영자 비서, 협회지도자, 투자자, 보건행정관, 종교지도자 등이 있다.

8유형은 존경받을 수 있는 일을 하고 싶어 한다. 타인을 지도하고 통솔하는 일을 잘한다. 또한 사업을 확장하고 지키는 일이 적성에 맞는다. 사람들의 의식을 변화시키는 지도자도 어울리고 과감한 결단력이 필요한 일도 잘한다. 강하게 일을 밀고 나가는 힘이 있으니 추진력이 필요한 직업도 잘 맞는다.

하지만 다른 사람의 마음을 맞춰줘야 하는 서비스직이나 앉아서 연구하는 일들은 힘들 수 있다. 머리와 가슴으로 하는 일보다 몸으로 나서서 하는 일이 기질에 맞는다. 다른 사람들의 존경을 받으며 자신의 영향력을 넓힐 8유형 아이들을 진심으로 응원한다.

8유형의 상처를 보고 내 아이 힘으로 길러주자!

8유형은 소유욕이 넘치며 공격적이다. 자신의 의견을 굽히는 일이 없으며 완고하다. 상대방의 의견을 무시하고 말을 막으며 거칠게 대한다. 그러고도 미안함을 느끼지 않는다. 감정이 섬세한 사람을 연약한 사람으로 대한다. 거칠고 상대방에게 요구하는 게 많다. 또한 자기중심적이고 자기 마음대로 판단하고 결정한다.

내가 잠시 알던 친구 중에 8유형 친구가 있었다. 그 친구가 등장하면 뭔가 분위기가 싸해졌다. 다른 사람들을 눈치 보게 하는 무언가가 있었다. 말로 설명하기 힘든 느낌이었는데 그 느낌이 8유형이 건강하지 않을 때의 모습이었다. 그 친구가 이야기하는 것을 유머로 받아보려고 해도 통하지 않을 것 같은 느낌에 다들 불편한 기색이 역력했다. 사슴과 토끼, 다람쥐가 노는 숲에 갑자기 호랑이가 등장한 느낌이랄까.

8유형은 자기 자신도 그렇게 몰아붙이기 때문에 다른 사람을 몰아붙이는 것을 잘 인지하지 못한다. 다른 사람들은 생각하고 느끼는 것이 다르다는 것을 부모가 알려줘야 한다. 아는 만큼 보인다고 하지 않는가. 8유형은 상대방의 솔직한 마음을 보고 나면 쉽게 이해하고 수긍한다. 8유형 아이들이야말로 에니어그램을 통해서 다른 사람의 마음을 공부하면 정말 큰 도움이 될 것이다.

8유형은 자신의 공로를 높이 사며 자신이 세상의 중심이라고 생각한다. 마음이 상하면 반복해서 말하고 때로는 분노를 폭발시킨다. 상대방의 방식을 무시하고 자신의 방식을 강요한다. 무대뽀로 일을 추진해서 주위 사람을 불편하게 만드는 데도 다른 사람이 불편하다는 것을 잘 모른다.

내가 학생일 때, 8유형 선생님이 계셨다. 카리스마 있는 선생님이셔서 학생들 단합 하나는 끝내줬다. 하지만 선생님이 결정하신 일을 억지로 따라야 하는 분위기가 있었다. 학생들이 다른 의견을 이야기하면 받아들여지는 일이 거의 없었다. 거의 묻지 않고 바로 실행하셨다. 친구들도 불만이 있었지만, 그 누구도 선생님께 말씀드리지는 못했다. 호랑이 선생님이 무서우니까.

8유형의 강하게 쭉쭉 뻗는 성격에 공감 한 스푼, 부드러움 한 스푼을 없는다면 얼마나 더 매력적일까. 8유형은 행동하기 전에 다른 사람의 말에 경청하는 연습을 해야 한다. 상대방의 감정에 공감하는 연습을 같이 해보자. 아이가 자신의 감정을 직접 느끼고 인정한다면 더 쉬울 것이다. 사실 8유형 아이들도 다른 사람에게 사랑받고 싶어하는 부드럽고 연약한 마음을 가진 아이들이다.

항상 자신이 대장이어야 한다는 무거운 짐을 벗고 자신 안의 부드러운 면을 내보여도 된다고 이야기해주자. 진정한 대장은 다른 사람의 마음을 들어주고 공감해주는 대장이다. 8유형 아이는 대결을 좋아하고 즐기지만 다른 친구들은 대결을 싫어한다는 것을 알아야 한다.

"내 의견은 이런데, 네 의견은 뭐야?" 8유형 아이가 자신의 의견만 내세우는 게 아니라 친구의 의견을 듣도록 도와주자. 8유형이 상대의 말을 듣긴 하지만 실행하지 않는 경우가 많다. 이미 마음속에 답을 정해놓고 물어보기 때문이다. 나 혼자 만든 의견보다 친구들의 의견을 모아서 하나로 만들어진 의견이 더 가치 있다는 것을 알려주자.

도전에 대한 긴장을 풀고 이완하는 연습을 해야 한다. 어깨와 얼굴의 경직된 근육을 풀고 삶을 편안하게 대하도록 도와주자. 관대하고 넓은 마음이야말로 이 시대의 리더가 가져야 할 덕목이다. 8유형이 진심으로 상대방의 의견을 들어주려고 한다면 다른 사람의 본보기가 되는 멋진 리더가 될 것이다.

9유형 : 모두와
조화를 이루길 잘해요

내 아이의 가능성을 크게 보고 9유형의 재능을 키워주자!

9유형은 너그러운 성격으로 상대방을 편안하게 해주는 매력이 있다. 상대방의 격한 감정을 받아주고 가라앉혀준다. 그리고 다른 사람의 말을 경청해준다. 태평하고 느긋해서 서두르는 일이 없다. 삶을 바라보는 시선이 편안하고 긍정적이다.

많은 것을 포용하는 힘이 있다. 평화주의자로서 성격이 유하고 부드러운 성품을 가지고 있다. 사람을 함부로 판단하지 않으며 있는 그대로 받아준다. 분노의 감정이나 기타 올라오는 감정들을 잘 참는다.

내 남동생은 착한 9유형이다. 어렸을 때를 생각하면 왜 동생이 첫째 같고 내가 둘째 같았는지 이제는 알 것 같다. 나는 동생보다 에너지가 더 많아서 동생에게 장난을 거는 걸 좋아했다. 그에 비해 남동생은 감정이 막 올라가거나 내려가거나 요동치는 게 없었다. 가만히 있으니 더 건드리고 싶어서 장난을 쳤던 것 같다.

남동생은 내가 꾀를 내어 시킨 심부름도 아주 잘했다. 평화를 깨뜨리기 싫었는지 내가 준다는 돈을 얻고 싶었는지는 모르겠으나 웬만하면 다 해줬다. 엄마는 나에 비해 남동생이 조용하고 느린 것 같아 걱정했던 적이 있다. 엄마도 7유형이라 똑같은 7유형인 딸은 이해가 됐는데 9유형인 아들이 느려 보였던 것이다. 알고 보니 동생이 알아서 학교생활도 잘하고 친구들과도 잘 지내고 있었건만 엄마는 걱정이 되셨나 보다.

남동생은 어렸을 때부터 컴퓨터를 좋아했다. 지금은 훌륭한 게임 프로그래머로 오랫동안 일하고 있다. 진득하게 앉아 사람 좋은 얼굴을 하고 열심히 게임을 개발 중인 동생의 얼굴이 그려진다.

9유형은 이해심이 많고 주위 사람에게 친절하다. 사람이 순수하며 차분하고 여유롭다. 무엇이든 넓고 다양한 관점으로 바라보며 섣불리 판단하지 않는다. 인내심이 있으며 상대의 조언에도 고마워할줄 안다.

상대가 관심 있어 하는 것을 기꺼이 함께한다. 남들 앞에 나서기보다는 겸손을 택한다. 가식적이지 않고 신사적이다. 다른 사람에게 관대하며 조화를 중요하게 여긴다. 타고난 중재가로서 위기 상황을 관리하는 능력이 뛰어나다. 상대의 장점을 잘 찾아주는 재능이 있다.

친구 중에 성격이 좋은 친구가 있었다. 그 친구는 지금 세무사 회사를 운영하며 대표세무사를 하고 있다고 한다. 듬직하고 사람을 편안하게 해주는 성격이라 친구들이 이 친구에게 장난을 치는 걸 좋아했다. 아무리 친구들이 장난을 쳐도 항상 웃어주었다. 이런 면이 적을 두지 않는 9유형의 매력인 것 같다.

타고난 평화주의자로 친구들 사이에서 자기주장을 세게 하지도 않으면서 친구들 말을 잘 들어주었다. 9유형은 타고난 중재가요, 리더로서 자기 회사를 얼마나 잘 운영하고 있을지 안 봐도 너무 잘 알 것 같다. 카리스마 있는 리더가 아니라 부드러운 리더의 역할을 하고 있을 것이다. 자신의 재능을 살려 꿈을 이룬 친구가 자랑스럽다.

9유형에게 어울리는 직업에는 외교관, 행정직, 사무관리자, 상담사, 사회복지사, 영양사, 성직자, 언어치료사, 심리치료사, 식이요법사, 요리사, 상담가, 직업소개사, 인력개발전문가, 대체의학 관련 종사자, 조경사 등이 있다.

화를 잘 내지 않고 감정을 잘 조절하는 9유형은 화합을 도모할 수 있는 직업이 좋다. 그리고 다른 사람의 말을 경청해주면서도 객관성을 유지할 수 있으므로 그런 성격을 이용하는 외교관같은 직업, 변화가 많지 않고 꾸준한 직업이 잘 맞는다. 너무 경쟁이 심하지 않는 직업도 9유형에게 잘 맞는다.

9유형 아이들은 어디를 가나 사람들과 잘 섞이고 그 조직과 잘 어울릴 것이다. 겉으로 어울리는 것도 좋지만 아이가 정말 행복해하는 일인지가 중요하다. 자신이 좋아하는 일을 향해서 빠르지 않더라도 꾸준히 노력하고 있는 9유형 아이들을 진심으로 응원한다.

9유형의 상처를 보고 내 아이 힘으로 길러주자!

9유형은 문제가 생기면 바로 해결하려 하지 않고 대화를 피해버리며 문제를 직면하지 않는다. 즉 문제를 해결하려 하기보다 저절로 없어지기를 바란다. 갈등이 생기는 걸 원치 않아서 할 말을 잘 못하고 문제가 있어도 무시한다.

일상에 변화가 생기는 새로운 도전을 싫어한다. 다른 사람의 비판에 민감하고 다른 사람들이 자신을 어떻게 생각하는지에 대해 신경을 많이 쓴다. 자신의 속 이야기를 잘 터놓지 않으면서도 다른 사람이 자신의 마음을 알아주기를 바란다.

내 아이의 친구 중에 귀엽고 착한 친구가 있다. 또래보다 느린 것 같아 부모님이 걱정하셨으나 친구들과 아주 잘 지내고 있는 친구다. 친구들과 놀다가 갈등이 생기면 이 친구는 말을 못했었다. 분명히 속상할 텐데도 그냥 넘어가거나 아무 일 없었던 것처럼 같이 놀고는 했다.

그런데 이 친구가 큰 것인지 이제는 싫다고 말할 줄 알게 되었다. 자신의 입장이 억울하거나 부당하다고 느낄 때 적극적으로 대응하기 시작한 것이다. 물론 아주 강하게는 못 하지만 자신의 의견을 이야기하는 방법을 익히고 있다. 9유형 아이들에게 "NO!"라고 외치는 힘은 정말 중요하다. 자신이 원치 않을 때 평화를 깨고, 아니라고 말할 수 있는 용기가 필요하다.

9유형은 보통 해야 할 일을 미뤄둔다. 속도가 늦어서 파트너와 속도가 안 맞는다. 우유부단하고 결단력이 약하다. 결정을 잘 내리지 못하고 의욕이 없어 보일 수 있다. 행동이 느리고 게을러 보일 때가 많다. 다른 사람이 명령하거나 하기 싫은 걸 시킬 때는 고집스럽게 변한다. 주위 분위기에 의해 쉽게 산만해진다. 자신의 진짜 마음을 자신도 잘 모르니 사람이 모호해 보인다. 9유형이 진짜 무엇을 원하는지 알기 힘들다.

이번에도 내 아이의 친구 이야기다. 이 친구는 참 살가운 아이다. 주변 사람들의 기분을 잘 파악하고 기분을 맞춰주려고 한다. 그런데 집에서 단 한 가지 엄마와 부딪히는 것이 있는데 해야 할 숙제를 할 때였다. 수학 문제 몇 장의 숙제가 있었고 아이가 다했다고 해서 가보니 몇 문제만 풀어놓고 다른 짓을 하고 있었다. 이때 평정심을 찾기 위해서는 관세음보살님을 외치지 않고서는 힘들다.

아이의 엄마는 아이가 느리고 자기 할 일을 잘 못하는 것 같아 걱정했다. 하지만 슬기롭게 대처해서 아이에 맞는 방법으로 아이를 대했다. 아이의 느린 기질을 인정한 것이다. 거북이가 런닝머신을 할 때 토끼 속도로 맞춰놓으면 할 수 있겠는가? 아마 바로 엎어질 것이다. 거북이 속도에 맞춰서 꾸준히 하는 방법, 칭찬하는 방법을 적용해야 한다.

그 이후부터 아이는 숙제하는 것을 어렵지 않게 하고 있다. 엄마가 현명하게 대처한 결과다. 내 아이 속도에 맞게 목표를 설정해주고 칭찬하고 보상해주는 슬기로움이 아이와 엄마가 행복해지는 지름길이다.

9유형 아이가 자주 하는 말이 있다. "괜찮아"라는 말이다. 이제 이 말은 괜찮지 않다. 9유형 아이에게 자신이 무엇을 원하는지 생각해보게 하자. 그리고 여기서 중요한 것은 시간을 두고 기다려주는 것이다. 꼭 기다려줘야 한다. 9유형 아이는 기다리는 것, 하나만 해줘도 정말 많이 달라진다. 물론 기다린다는 게 말처럼 쉽지 않을 것이다. 하지만 기다려야 한다.

대신 아이에게 데드라인을 정확히 말해주자. 언제까지 이야기해달라고 이야기하고 무엇에 대해 생각해야 할지를 짚어주자. 아이는 자신의 속도에 맞춰서 자신에 대해 생각하는 힘을 기르게 될 것이다.

그리고 9유형 아이는 자신의 분노를 인식하고 적절히 표출하는 방법을 배워야 한다. 화산이 갑자기 폭발하듯이 꾹꾹 눌러왔던 아이의 분노가 폭발하지 않도록 평소에 조금씩 표출하는 방법을 알려주자. 평화주의자 9유형이기 때문에 자신의 감정을 다루는 것이 낯설고 힘들 것이다. 아이가 바라는 평화는 겉으로 보이는 평화뿐만 아니라 자기 내면의 평화이기도 하다. 조화와 평화의 아이콘인 9유형 아이들이 만들어갈 조화롭고 평화로운 세상이 너무 기대된다.

5장

지혜로운 부모는
창의적인 환경을
만든다

아이는 엄마의 사랑과
애정을 먹고 자란다

어릴 적에 고구마를 캐본 기억이 있는가? 땅 위에서 아무리 찾아봐도 고구마는 안 보인다. 알다시피 고구마는 땅속에서 자라는 뿌리식물이다. 마치 우리들의 속마음이 땅속에 묻혀있는 고구마 같다.

호미로 땅을 긁어 보자. 줄기가 잡힌다. 줄기를 끌어 올려 보자. 그러면 주렁주렁 탐스럽게 매달린 고구마가 딸려 올라온다. 딸려 나오는 것을 보면 고구마는 하나가 아니다. 이렇듯 우리 아이 속마음을 알고 싶어 에니어그램을 시작하면 자연스럽게 내 에니어그램도 찾아질 것이다. 그리고 내 배우자의 에니어그램을 찾게 되는 기쁨도 누릴지 모른다.

가게에 어떤 물건을 사러 들어갔지만 또 다른 물건들을 사게 되는 경우가 많다. 더군다나 그 물건들로 인해 우리 가족들의 삶이 바뀐다고 하면 오랫동안 그 가게에 머물고 싶을 것이다. 내 아이의 속마음을 알아보기 위해 에니어그램이라는 가게에 들어간 부모는 나도 모르게 가게에 자주 들락날락거릴 것이다. 그리고 오랫동안 머물고 있는 나를 발견하게 될 것이다.

모든 부모가 자연스럽게 나를 찾게 되는 과정을 응원한다. 나를 사랑하는 부모는 내 아이를 진정으로 사랑할 수 있다. 나를 사랑한다는 것은 나의 단점까지도 끌어안는 것이다. 나의 단점도 사랑할 수 있는 것이다.

나는 꼼꼼함이 좀 부족하다. 한자리에 앉아서 꼼꼼하게 일 처리하는 것이 어렵다. 1유형에게는 너무 당연한 일이 나에게는 어려운 일이 되는 것이다. 물론 기를 쓰고 해내야지 한다면, 할 수는 있을 것이다. 하지만 즐겁지 않다. 아니, 나답지가 않다.

내가 화장실을 갔다가 불을 안 끄고 나온 날이 있다. 물론 나는 몰랐다. 왜냐면 화장실에서 밖으로 나오는데 신나는 음악 소리가 들리는 것이다. 남편이 신나는 음악을 휴대폰으로 크게 틀어 놓은 것이다. 이런 음악을 듣고 가만히 있는 사람이 있나? 오예! 기분이 바로 좋아지고 춤을 췄다.

난 가끔 내 행동이 뇌를 거치지 않고 바로 나오는 것 같을 때가 있다. 바로 이럴 때. 춤추는 모습은 함부로 상상하지 마라. 내 맘대로 춤이니까. 내 모습을 보고는 아들이 소리를 지른다. 보기 힘들다는 말이다. 너 왜 앉아 있어. 어서 일어나서 춤춰! 나는 아랑곳없이 혼자 신나게 노래까지 한다. 그러고는 내 할 일을 하러 간다.

아들이 소리친다. "엄마! 불 꺼야지! 엄마 또 화장실 불 안 껐어요!"

어쩔 때는 냉장고 문을 닫는 것을 잊어버린다. 냉장고 문에서 삑삑 소리가 나면 이번에는 남편이 말한다. "너희 엄마 또 사고쳤다."

너무 자주 있는 일이라 가족들이 놀라지도 않는다. 그런데 오히려 억울할 때도 있다. 우리 집의 모든 불은 다 내가 켜고 다니는 것이 되어 버렸다. 우리 집 냉장고 문도 다 내가 연 게 되었다. 뭐 거의 99.9%가 나인 건 맞지만….

예전에는 나의 이런 모습을 보고 왜 이러지? 성인 ADHD인가? 진짜 심각하게 고민했다. 보통 7유형이라면 비슷한 고민을 한 번쯤은 해봤을 것이다. 일을 차분히 하기보다는 이 일 휙하다가 저 일을 휙한다. 그리고 이 생각했다가 또 저 생각하는 식이다. 그렇다고 오해는 하지 말아라. 7유형이 진지할 때는 남들이 모르는 진지함을 발휘한다. 본인만 아는 진지함. 내가 생각해도 웃긴 진지함이다.

나는 에니어그램을 통해서 나를 배웠다. 나에 대해 배우고 나니 나는 ADHD가 아니었다. 그냥 그게 내 모습이었다. 그게 자연스러운 것이었다. 물론 그대로 살라는 것은 아니다. 적어도 그런 나의 모습으로 움츠러들거나 작아지지 말라는 것이다. 일단 자신을 작아지지 않게 하고 크게 바라보자. 그럼 내 단점도 장점으로 바꿀 수 있는 힘이 생긴다.

나는 내가 자랑스럽다. 나의 단점까지도 사랑한다. 내 단점도 나의 한 부분이기 때문이다. 자신을 사랑하는 부모는 내 아이를 사랑하는 방법을 안다. 부모가 주고 싶은 사랑이 아닌 아이가 바라는 사랑을 줄 수 있다.

내 단점을 사랑할 줄 아는 부모만이 내 아이의 단점도 끌어 안아줄 수 있다. 아이의 단점을 단점으로 보지 않을 때 진심으로 아이에게 사랑과 애정을 줄 수 있다. 아이가 바라는 사랑은 이해와 공감을 바탕으로 한 아이 맞춤형 사랑인 것이다.

나는 가끔 이런 생각을 한다. 모임에 나가서 처음 자기소개를 할 때 에니어그램으로 설명하면 어떨까. 에니어그램을 좋아하는 사람들의 모임에서만이 아니라 일반 모임에서도 말이다. 그만큼 에니어그램이 대중화되어서 말하는 사람도 자신의 성격을 말하는 게 편해졌으면 좋겠다. 그리고 듣는 사람도 에니어그램 이야기를 다 알아들어서 서로 긴 이야기를 하지 않아도 그 사람의 이야기에 공감할 수 있는 힘을 갖게 되면 좋겠다.

"자, 어서 오세요. 저희 모임을 시작하겠습니다. 각자 자신의 소개를 해주실까요?"

"네. 안녕하세요. 저는 《에니어그램으로 말해요. 우리 아이 속마음》을 쓴 작가 신유진입니다. 저는 에니어그램 7유형이고 제 날개유형은 6번 유형입니다(날개유형이 무엇인지에 대한 간략한 설명은 부록에 담았다). 1차 하위유형은 일대일 유형(성적 유형), 2차 하위유형은 사회적 유형입니다. 그리고 MBTI도 궁금해하실 텐데 MBTI는 ESFP입니다.

전 이 세상에 하나밖에 없는 존재고 내 삶과 똑같은 삶은 없기에 +알파를 꼭 붙이고 싶습니다. 여기 계신 모든 분도 마찬가지로 항상 +알파가 붙으시겠죠! 우리 각자의 소중함과 특별함을 강조하고 싶기 때문입니다. 잘 부탁드립니다."

혼자 북 치고 장구 치는 자기소개지만, 내 솔직한 심정이다. 사람들이 에니어그램으로 성격을 이야기하고 MBTI를 곁들인다. 이때 듣는 사람도 에니어그램에 대해 이해도가 높아 서로 이야깃거리도 많아질 것이다. 나는 사람들이 결국 자신의 에니어그램을 깊게 이해하고 행복한 삶으로 갈 것이라고 굳게 믿는다.

태어날 때부터 프로그래밍된 나의 마음 패턴을 알아차리고 그 마음으로부터 자유를 찾을 때까지, 에니어그램은 우리의 동반자가 되어 줄 것이다. 에니어그램은 자신의 마음을 객관적으로 바라보는 힘을 길러 의식적으로 행동할 수 있는 힘을 키워줄 것이다. 애벌레에서 나비가 될 수 있도록 내 삶에 날개를 달아줄 것이다.

그렇다면 행복한 삶이란 무엇일까? 매일매일 기분 좋은 삶이 아닐까? 내가 진짜 행복하다면 매일 작은 행복을 느낄 것이다. 엄마의 사랑과 애정을 먹고 자란 아이는 기분 좋은 게 무엇이라는 걸 안다. 사람이 인생을 살 때 가장 중요한 것이 바로 기분 좋은 상태를 유지하는 것이다.

주변에 인생이 술술 풀리는 사람들을 생각해보자. 그 사람들의 공통점은 항상 기분 좋은 상태를 유지하려는 사람들이다. 기분이 좋아야 내 안의 나를 대면할 힘이 생긴다. 내 삶이 행복해야 자신의 내면을 바라볼 수 있게 된다. 그 행복과 기분 좋음을 주려고 노력 하다보면 아이가 변하는 모습이 보일 것이다.

반응하는 내가 관찰하는 내가 되어 아이에게 불편한 감정을 느낄 때를 관찰해보자. 객관적으로 나의 마음을 바라볼 때 아이에게 주던 불필요한 부정적인 감정은 줄어들 것이다. 엄마의 사랑과 애정을 먹고 자란 아이들의 표정은 티끌 없이 해맑게 웃는다. 우리 아이들에게 오늘도 기분 좋은 하루를 선물해보자.

모든 아이는
특별하다

동료 교사 중에 미술 교사가 있다. 그 선생님의 아들이 내 아들보다 한 살이 많다. 아들들 이야기를 나누고 있었다. 그러다가 아이들 성격 이야기가 나왔다. 사람의 성격을 미술 색채 도구로 비유하며 알려주셨는데 그게 굉장히 인상적이었다. 그래서 아직도 기억하고 있다.

색채 도구가 다양한 만큼 아이들도 다양하게 표현할 수 있었다. 정확하고 섬세하게 그려지는 펜 같은 아이, 자유롭게 색칠할 수 있는 물감 같은 아이, 파스텔처럼 잘 부스러지지만 은은한 아름다움이 있는 아이. 이 외에도 다 기억은 못 하지만 다양하게 표현할 수 있었다.

같은 파란색이라도 물감이 나타내는 파란색과 펜이 나타내는 파란색, 파스텔이 나타내는 파란색은 각자가 다 다르다. 같은 파란색의 파스텔이라도 어떻게 힘을 주어 색칠하냐에 따라 느낌이 전혀 달라진다. 우리 아이들도 이렇듯 같은 색인 것 같아도 한 명, 한 명이 모두 특별함을 가지고 있다.

아이가 2학년 때였다. 칭찬에 목말라 있던 아들에게 단비가 내렸다. 아니 아들보다 내 마음에 단비가 내린 날이었다. 아이의 알림장에 담임 선생님께서 써주신 포스트잇이 붙어 있었다.

'자기가 버리지도 않았는데 지나가는 길에 버려진 쓰레기를 줍는 아이를 칭찬합니다! 오늘 아이에게 맛있는 것을 해주세요~ ^^ ' 이렇게 적혀있었다.

나는 그 노란색 포스트잇을 지금도 보관하고 있다. 각 학년 별 파일이 있는데 2학년 파일에 고이고이 모셔놨다. 내가 얼마나 아이의 칭찬에 목말라 있었는지 느낄 수 있었다. 그리고 감사했다. 공부만이 아니라 이런 작은 거에도 아이의 특별함을 봐주시고 표현해주시는게 감사했다. 그런데 어느 날은 전화를 주셨다.

"어머니, 오늘 수업시간에 그림을 그려서 발표하는 데 정말 특별하더라고요. 아이가 그리는 것들을 파일로 정리해주시면 좋을 것 같아서요."

"아, 감사합니다. 그렇지 않아도 아이가 그림을 한 장도 못 버리게 해서 다 모아두고 있긴 했어요. 그런데 이렇게 일부러 전화주셔서 정말 감사합니다. 아이가 선생님한테 전화왔다고 하면 엄청 좋아하겠어요. 감사합니다."

사실 학교에서 그림을 그릴 때 정해진 주제가 있기 때문에 그 주제에 맞게 그림을 그리는 것을 재미없어 하는 아이였다. 그래서 자주 틀에서 벗어난 그림이라는 평가를 받기도 했었다. 그런데 아이의 자존감이 올라가는 소리가 들리기 시작했다. 매일 가족들에게만 칭찬을 받다가 선생님께 칭찬을 들으니 느낌이 달랐나 보다.

무엇보다 선생님께서 아이의 특별함을 봐주신 것 같아 그것이 정말 감사했다. 3학년, 4학년 선생님들도 아이의 그림작품을 많이 칭찬해주시고 힘을 주셔서 정말 감사했다.

4학년 때는 온라인 줌 수업을 많이 했다. 그때 선생님께서 그림으로 칭찬을 많이 해주시고 큰 힘을 주셨다. 아이가 정말 행복해했고 지금도 선생님께 많이 감사해 한다.

이쯤 되면 사람들은 내가 1학년 때 담임선생님을 미워할 거라고 생각할지도 모른다. 하지만 정반대다. 물론 에니어그램을 공부하기 전에는 우리 아이를 미워하시나 하는 생각에 속상하기도 했다. 하지만 또 한편으로는 오죽하시면 그러셨을까 하는 생각도 들었다. 나도 교사라서 처음에는 교사 입장에서 아이에게 많이 다그치기도 했다.

하지만 책을 쓰기 시작하면서 생각이 확실해졌다. 바른길로 가라고 하시는 선생님의 말씀이었다는 걸 알았다. 그리고 1학년 때의 경험들이 있었기 때문에 아이도 크고, 엄마인 나도 컸다. 정말 그렇다. 어떻게 보면 내 인생에서 가장 큰 터닝포인트라는 생각이 들었다.

내 아이가 어떻게 하면 환영받는 아이가 될까, 어떻게 하면 집 밖에서도 행복한 아이로 만들까, 깊은 고민에 또 고민할 수 있었고 방법을 찾도록 도와주신 것이다. 선생님께서 진심어리게 말씀해주셨기에 내가 상담을 받기 시작했고 육아 공부도 하고 에니어그램도 배운 것이다. 그런 과정들 속에서 아이가 더 밝아졌다. 그리고 2학년 때부터는 칭찬도 받고 학교생활을 더 즐겁게 할 수 있었던 것이다.

동네 엄마들을 만나면 첫째와 둘째 이야기를 많이 한다. 그러면 아이들이 어쩜 그렇게 다 다르고 특별한지 모르겠다. 가족들 에니어그램 분석을 많이 한 어떤 엄마도 아직 에니어그램 유형이 확실하지 않은 자녀가 있다. 에니어그램을 공부하자마자 유형이 확실했던 첫째에 비해 둘째는 두 개의 유형 중에 확실하게 "이거다!" 하지 못한 것이다.

그러나 아이의 에니어그램 유형을 공부하는 과정에서 얻은 것이 너무나 확실하게 보였다. 아이에 대한 이해도가 정말 올라갔다. 두 아이를 비교하지 않고 각자의 특성대로 이해하게 되었다. 그전에는 저절로 비교가 되었다면 이제는 저절로 비교를 멈춘다.

그리고 일단 아이들이라고 부모와 같은 에니어그램이 나오지 않는다는 것을 이해했다. 우리 집만 해도 다 다르다. 뭐 부부가 다른건 그렇다치자. 부모와 아이도 거의 다르고 형제끼리도 다르다. 비슷해 보이는 형제도 에니어그램을 깊게 들어가다 보면 하위유형이 다를 수 있다. 만약 하위유형이 같아도 MBTI는 다를 것이다.

나는 모든 아이는 특별하다는 것을 알고 있다. 아니, 모든 사람은 특별하다. 어떤 사람을 만나도 그 사람에게서 배울 점이 한 가지 이상은 꼭 있다고 한다. 우리는 모든 에니어그램의 장점을 내 것으로 만들 수 있다.

이 세상에 못난 아이는 단 한 명도 없다. 내 아이의 멋진 날개를 발견 못 한 부모와 어른만 있을 뿐이다. 아이가 못난 게 아니다. 아이를 그렇게 바라보는 눈이 못난 것이다. 아이는 아이의 색깔대로 커야 한다. 아이는 아이의 색깔대로 살아야 한다.

그리고 아이는 아이의 색깔 안에서 살 때 더 성장할 수 있다. 그 고유의 색깔이 더 선명해지고 빛나는 사람은 건강한 삶을 살 것이다. 같은 에니어그램 유형이라도 자기 성장을 더 한 사람은 건강한 유형으로 보고, 반대는 불건강한 유형으로 본다. 우리 아이들이 건강한 유형이 되도록 특별하게 바라봐주자.

모든 아이는 빛을 숨기고 있는 원석이다. 원석을 다듬어 보석이 되기 위해서는 자신이 보석이라는 것을 깨달아야 한다. 우리는 우리의 자녀들이 보석이라는 것을 깨닫게 해줘야 한다. 너는 보석이야. 너는 특별해.

아이에게 알려주고 응원 해주다 보면 아이는 어느새 스스로 자신을 다듬는 방법을 알게 될 것이다. 자신 안에 있는 빛을 세상을 향해 비추는 찬란한 내 아이의 모습을 상상하자. 그리고 오늘 사랑하는 내 아이에게 이야기해주자.

"너는 이 세상 가장 특별한 존재야. 너의 존재 자체가 기쁨이야!"

에니어그램을 알아야
내 아이의 미래도 변한다

아이가 3학년이 되기 전이었다. 2학년 겨울방학 때 폐 수술을 하게 되었다. 폐에 필요 없는 부분을 잘라내는 수술이었다. 작은 부위라 수술은 1시간 만에 끝났다. 폐는 다행히 아이일수록 일상생활을 통해 원래 크기로 커졌다.

지금은 매일 친구들과 날아다닌다. 동네에서도 자주 만나 노는 아이들이 있는데 무슨 출석 체크를 하는 것도 아니고 정말 최선을 다해서 논다. 아파트인데도 뒤에는 산, 앞에는 천이 있어 아이들이 시골 아이들처럼 논다. 감사할 따름이다.

나는 당시 아이가 수술을 잘 견딜 수 있는 힘을 줘야 했다. 휴대폰으로 수술을 잘 견딘 아이들 사진을 보여주었다. 그리고 아이가 퇴원하고 나서 받을 수 있는 혜택들을 색종이에 적었다. 그 색종이를 예쁘게 꾸며서 아이에게 선물했다. 아이는 수술의 두려움이 아니라 수술 후의 기쁨에 대해 생각하고 있었다.

아이는 내가 원하는 대로 잘 따라와 주고 있었다. 두려움에 사로잡히지 않도록 하는 것이 내 목표였다. 어차피 끝날 것이고 해야만 한다면 즐거운 기억만 가져가고 싶었다. 사람 일이라는 것이 다 지나고 보면 그때의 감정 같은 것이 더 기억에 남는 걸 알고 있었다.

색종이에 적은 내용은 대략 이런 것이었다. TV와 유튜브 자유 시청권, 금화 100냥, 다 아물 때까지 매일 금화 20냥, 기념이 될 오래된 지폐, 갖고 싶은 것 선물 받기였다. 그리고 무엇보다 엄마가 항상 옆에 있을 것이라고 말해주었다. 써놓고 보니 참 별거 아닌데 당시에는 아이에게 큰 힘이 되었다. 아이에게 긍정적인 기운을 계속 불어넣어 줬다.

나는 아이가 4유형이라 아름다운 것에 관심이 많다는 것을 알고 있었다. 특히 4번 중에서도 3번을 날개로 쓰고 있기 때문에 더 그랬다. 날개를 잠깐 설명하자면 이렇다.

4번 유형의 양쪽 유형이 3번과 5번이다. 양쪽에 있는 유형을 날개라고 말한다. 3번과 5번 중에 아이가 영향을 더 많이 받는 유형이 있다. 그 유형이 아이가 사용하는 날개가 되는 것이다. 다른 유형보다 4번 유형은 날개에 따라 많이 다르다. 그래서 3번 날개라는 것을 기억하고 있었다.

어쨌든 반짝이는 금화를 이용한 것은 대성공이었다. 원래도 아이 성향이 반짝이는 것을 좋아하는 걸 알고 할 일을 잘했을 때 금화를 주고 있었다. 당연히 인터넷으로 산 가짜 금화다. 하지만 진짜 금같이 반짝거려서 아이는 좋아했다. 나는 몇백 개를 주문해놓고 마구 퍼주었다. 원래 약속보다 더 얹어주는 식으로 기쁘게 해주었다.

아들은 그 누구보다 씩씩했다. 정말 자랑스럽다. 세상 그 누구보다 강했다. 그런 내 아들을 너무나 사랑한다. 책을 쓰기 시작하면서 크게 깨달은 것이 있다. 내 아들이 나를 성장시키기 위해서 나에게 왔다는 것이다. 내가 엄마로서 아들을 낳고 키웠다고 생각했지만, 아들도 나를 성장시키고 있었다.

나는 아들을 내 영혼의 스승으로 생각한다. 항상 아들에게 이야기한다. 우리 서로 앞으로도 많이 사랑하면서 성장하자고. 서로에게 힘이 되자고….

내가 큰일이 있을 때 아들 입장에서 생각할 수 있었던 것은 모두 에니어그램을 알았기 때문에 가능했다. 아들의 약한 부분을 어떻게 도와줘야 할지 확실하게 알고 있었다. 항상 아들에게 '럭키맨!'이라고 이야기해주고 아들의 장점을 말해주며 "그게 너의 장점이야"라고 말해주었다. 처음에는 아들이 이렇게 말했다.

"내가 진짜 그래? 난 내가 운이 없다고 생각하는데."

"너? 완전 럭키맨이지! 너 아니면 그걸 누가 했겠어. 너는 진짜 럭키맨이야"라고 말하며 럭키맨 노래를 내 맘대로 만들어 혼자 옆에서 불러주고 그랬다. 아들에게 너무 심각하지 않게 인생을 즐기며 사는 방법을 알려주고 싶었다. 지금 현재가 바뀌면 아이의 미래가 바뀔 것이라는 걸 알고 있었다.

3학년 학기가 시작되기 전에 나는 중요한 결정을 해야 했다. 수술 후

미세먼지가 신경 쓰였기 때문에 아들을 학교에 등교시키지 않으면서 공부할 수 있는 방법을 생각했다. 아이의 진단서를 제출하고 심사에 통과되어 온라인 수업을 들으면서 출석을 인정받을 수 있었다.

온라인 수업을 들으면서도 학교에 가고 싶을 때는 갈 수 있었다. 하지만 수행평가나 중요한 일이 있을 때를 빼고는 집에서 나와 같이 계획을 짜고 공부하며 지냈다. 미세먼지가 좋다고 보냈다가 안 좋으면 다시 안 가고 그러면 아이도 혼란스럽고 반 아이들도 혼란스러울 것 같았다. 그래서 아이와 상의한 후 결정한 것인데 너무 잘했다는 생각이 든다.

그 시기가 우연히 코로나19가 시작될 때와 겹쳤다. 그래서 아이의 친구들도 학교를 안 가게 됐고 오히려 자연스럽게 적응하게 되었다.

얼마 전 내 인스타그램과 블로그에서 비슷한 내용의 글을 받았다. 내가 올린 에니어그램 글을 보고 이야기를 나눠주신 것이다. 아이를 키우는 동안 원치 않게 많은 갈등을 겪고 힘드시다고 하셨다. 에니어그램을 지금이라도 알아서 너무 감사하고 꼭 아이의 에니어그램을 찾아보고 싶다고 하셨다. 그런 비슷한 글을 받으면서 나는 생각했다. 에니어그램의 문턱을 낮춰서 한 명이라도 더 에니어그램의 혜택을 받게 하자고. 에니어그램을 알아야 내 아이의 미래가 변한다는 것을 모든 부모에게 알려주고 싶었다. 진짜 모르면 손해, 알면 내 아이의 삶이 바뀌는, 진짜 이 한 끝 차이로 큰 변화가 온다는 것을 하루 빨리 알려주고 싶었다.

부모들의 고민이 나를 움직이게 했다. 나는 인스타그램과 블로그만 아니라 유튜브를 통해 내 메시지를 전해야겠다고 생각하게 된 것이다. 와. 이건 대혁명이다. 쉽지 않았지만 내가 좀 더 용기를 내고 부지런해지면 현재 부모, 예비 부모 모두에게 도움이 될 것이라고 생각했다. 그 도움이 결국 우리 아이들에게 갈 것이라는 게 확실했기 때문에 움직일 수 있었다.

　내 아이를 이해하는 부모가 늘어나면 자신을 사랑하는 아이들이 늘어날 것이고 결국 내 아이도 그런 세상에서 혜택을 받는 것이다. 마음이 건강한 사람들이 많은 세상에서 아이들을 키워야 하지 않는가.

　우리 아이들에게도 나 자신을 사랑하는 방법을 알려주고 싶다. 아이들이 에니어그램의 유형을 다 모르더라도 내 마음을 내가 건강하게 관리하는 방법을 어릴 때부터 배운다고 생각해봐라. 이건 진짜 백 권의 책보다 더 강한 힘을 가진다. 결국 책을 읽히는 이유가 무엇인가. 생각하는 힘, 마음이 건강한 아이로 자라게 하고 싶은 부모의 마음인 것이다.

　어린 아이들부터 자라나는 청소년 아이들까지 내 마음을 들여다보는 힘을 키워주고 싶다. 아이의 에니어그램 유형을 알고 아이의 장점, 단점을 정확히 알아보자. 아이 맞춤형 육아로 아이의 미래는 자연스럽게 변할 것이다. 아이의 미래는 에니어그램 안에 있다.

지혜로운 엄마는
아이의 마음을 읽는다

아이 옷을 정리하다 보면 키가 훌쩍 큰 걸 느낄 때가 있다. 어느 날 아이 옷이 유난히 작아 보이면 아이가 그만큼 컸다는 이야기다. 아이의 몸은 수많은 영양분을 먹으며 쑥쑥 컸을 것이다. 키는 눈에 보이기 때문에 숫자로 나타낼 수 있다.

그렇다면 우리 아이의 마음은 어떻게 측정할 수 있을까? 아이에게 마음이 자라고 있냐고 물어보면 아이가 잘 대답해줄까? 아무리 생각해도 너무 웃긴 일이다. 매일 아이한테 그렇게 물어본다면 아이가 귀찮게 하지 말라고 짜증을 낼 수도 있다.

그렇다면 아이 마음이 눈에 보이는 곳은 어디일까? 바로 얼굴이다. 아이의 얼굴 표정은 아이의 마음을 그대로 반영한다. 내가 아이한테 말해놓고 '혹시 기분이 나쁘려나?' 생각하고 있으면 어김없이 아이 표정도 무표정이거나 이마를 찡그리고 있다.

아이의 표정이 곧 마음인 것이다. 나도 상대의 말을 듣고 내 기분이 얼굴에 바로 나타나는 편이다. 내 마음이 얼굴에 반영되는 과정을 잘 느낀다. 그래서 너무나 잘 알겠다. 내 마음이 찡그리기 시작할 때 어김없이 내 얼굴도 찡그리기 시작하려는 것이 느껴진다. 기분이 좋을 때는 누가 시킨 것도 아닌데 저절로 얼굴이 활짝 웃고 있다.

내 아이도 얼굴에 마음이 그대로 드러나는 아이다. 드러나다 못해 상대방까지 전염시킨다. 아이들은 아무래도 어른들보다 순수하기때문에 더 마음이 잘 드러난다.

아이가 친구들과 놀고 있었다. 잘 노는 줄 알았다. 기분이 좋은 줄 알았다. 그런데 아이 표정이 안 좋다. 우는 것도 아니고 웃는 것도 아니다. 무표정이다. 무표정은 엄마를 더 불안하게 만든다. 이유를 해석해야 하기 때문이다. 기분이 안 좋은 게 확실했다.

아이의 무표정이 너무 길어질 때는 내가 먼저 가서 물어봤다. 먼저 마음이 어떤지, 그리고 왜 그런 것 같은지 물어보았다. 그날도 계속 무표정이길래 가서 물어보았다. 알고 보니 친구가 한 말에 마음이 다쳐서 놀 기분이 아니었던 것이다.

코로나19로 아이들이 학교를 자주 안 가게 되면서 아이들끼리 노는 시간도 늘어났다. 친구들과 함께 놀 때 가장 즐거운 아이들이었다. 난 그런 아이들이 너무 이뻤다. 아이가 놀 때 나는 걷기 운동을 하면서 자연스럽게 아이들을 지켜보게 되었다.

그러면서 아이의 마음을 읽어줄 기회가 많이 생겼다. 필요할 때는 바로 아이에게 이야기해주기도 했다. 아닐 때는 집에 가면서 아이에게 마음 처방을 내려 주었다. 이런 일들이 계속 쌓이자 아이도 성장하기 시작했다.

우리도 어렸을 때 친구들이랑 놀다 보면 작은 오해로 기분이 상하기도 하지 않나. 아니면 크게 싸워서 이제 절교하자란 말이 나오기도 한다. 이 모든 과정은 결론적으로 아이를 성장시킨다. 이때 이런 모습을 좀 더 객관적으로 보고 이야기해 줄 수 있는 어른이 있었다면 더 달라졌을 것이다.

난 아이가 놀 때 아이와 친구들의 에니어그램을 생각했다. 내 아이와 친한 아이들이니 이 친구들도 행복했으면 좋겠다는 생각에서였다. 에니어그램을 알면 내가 아무래도 좀 더 아이에게 필요한 말을 해줄 수 있을 것 같았다. 그리고 서로에게 더 필요한 부분을 메꿔주면서 더 좋은 친구가 될 것 같았다.

어느 날은 아이가 친구들과 놀다가 집에 들어가겠다고 했다. 이유는 같이 놀던 동생이 어제 자신한테 욕을 하는 걸 들었다고 한다. 그래서 그 동생이 있으면 안 논다고 생각했던 것이다. 거친 말로 갈등이 생기자 이제 섞이지 않겠다고 생각한 것이다. 그런데 같이 놀던 친구들이 왜 들어가냐고 전화가 왔다. 내 아들은 그 동생에 대한 기분 나쁜 감정이 아직 없어지지 않았는데 친구들이 자신의 마음을 몰라주는 거 같아서 섭섭해했다.

아들에게 "진짜 집에 들어가면 마음이 편할까?"라고 했더니 아니라고 한다. 자기는 친구들이랑 놀고 싶다고 한다. 나와 대화하다가 방법이 생각났는지 갑자기 그 동생한테 갔다. 그 동생도 형들이랑 놀고 싶어서 눈물이 맺혀 있었다. 돌아보면 아무 일도 아닌 것을, 이라고 생각하며 그 아이의 마음을 헤아려줬다. 다행히 대화를 하고 보니 서로 오해가 커진 것이었다는 걸 알았다.

아들에게는 친구들이 너의 마음을 이해하지 못한 것이 아니라 갈등이 있는 상황을 빨리 풀고 싶은 마음에 그런 것이라고 이야기해줬다. 실제로 같이 있던 친구가 5유형, 6유형으로 머리형이었다. 그래서 4유형인 내 아이보다 감정적으로 휘둘리는 것이 적었다. 좀 더 상황을 객관적으로 보려고 했던 것이 내 아들에게 서운하게 다가왔던 것이다.

이 모든 걸 집에 와서도 다시 이야기해줬다. 속마음을 이야기해줘야 했기에 에니어그램 유형 이야기를 하며 설명해줬다. 아이는 자신이 왜 화가 났는지, 친구들이 왜 그랬는지 좀 더 이해하고 마음이 편해졌다. 그날도 언제 그랬냐는 듯이 아주 재밌게 놀고 온 것은 물론이다. 그리고 지금은 아들도 에니어그램을 이용해서 친구들을 이해하고 공감하려는 노력을 하고 있다.

사람들은 자신의 단점을 잘 안다. 그 단점 때문에 제일 불편한 사람도 본인이다. 내 아이가 엄마한테 자신의 단점을 이야기하면서 속상해한다면 진짜 속마음은 무엇일까? 바로 자신의 단점을 단점으로 보지 않는 엄마의 눈을 바랄 것이다. 자신의 단점을 이야기하면서 속상해한다는 것은 자존감이 많이 떨어져 있으니 손 좀 잡아주세요, 라는 말이다. 그래서 얼마 전에 내 아들이 자신의 상처 잘 받는 성격에 대해서 이야기했을 때 이렇게 이야기했다.

"너는 다른 사람들보다 고성능의 마음 안테나가 훨씬 많이 있어. 그 안테나가 워낙 명품이다 보니까 다른 사람들의 말이 너의 안테나에 잘 걸리는 거야. 엄마가 너한테 항상 마음의 귀가 큰 아이라고 하잖아. 그 말이 이 뜻이야."

"그럼 좋은 건가?"

"당연하지, 그리고 엄마가 너한테 감동한 적 있어. 지난번에 엄마가 엄마 감정을 느끼기도 전에 네가 먼저 엄마를 위로하고 있더라. 너는 진짜 사람 마음을 공감하는 능력을 타고 났어. 그래서 너 스스로 친구들한테 거친 행동을 하기 싫어하고, 친구들이 너한테 거친 행동을 하는 것도 싫어하는 거야."

"그렇네. 히히. 기분 좋아."

"기분 좋아? 이거 봐. 너는 마음 안테나가 커서 감정 부자인거야. 우리 아들 덕분에 엄마도 진짜 많이 배워. 엄마는 사실 좀 둔한 면이 있는데 너 보면서 많이 배우고 있어. 우리 아들이 엄마 진짜 많이 사랑해주잖아."

내 감정을 다른 사람이 고스란히 느껴준다고 생각해보자. 그보다 더 감동스러운 일이 어디있을까. 그보다 더 힘이 되는 일이 어디 있을까. 지혜로운 엄마들은 아이의 속마음이 궁금하다. 지혜로운 엄마는 아이의 마음을 읽어주고 아이의 마음에 사랑의 연고를 듬뿍 발라줄 수 있다. 아이의 마음에 영양을 가득 넣어줄 수 있다.

아이의 에니어그램을 배운다면, 아이 마음의 상처에 연고를 발라주고, 마음의 성장에 영양을 고루 넣어 줄 수 있다. 결국에는 이 모든 걸 우리 아이들이 돌려줄 것이다. 내 마음을 공감받아본 사람만이 상대도 공감해줄 수 있다. 그런 아이가 당신의 아이가 될 것이다.

타고난 기질대로
크게 키우자

"저의 직업은 백희성입니다."

TV 프로그램 <세상을 바꾸는 시간 15분> 즉, 세바시 237회 '직업을 버리고 꿈을 찾다'라는 주제로 출연하셨던 백희성 씨가 하신 말씀이다. 나는 이 이야기를 듣고 이분은 이미 나 다운 삶을 살고 계신다고 생각했다. 이분이 들려주었던 엄마와 아이의 대화 내용이 있는데 정말 인상적이다.

"왜 달리는 거니?"

"행복하기 위해서!"

"달리면 행복해?"

"달릴 수 있어서 행복해!"

"달리다가 힘들 때는 어때? 그때도 행복해?"

"그때는 걷는 거야. 잠시 쉬면서 다시 뛸 힘을 보충하면 돼!"

"그 사이 누가 추월하면 어떻게 해?"

"내 결승점과 나를 지나가는 사람의 결승점이 다른데, 이게 어떻게 추월이야?"

"그럼 저기 보이는 결승점은 뭔데?"

"모두에게 그곳이 결승점일지는 몰라도, 내게는 통과지점일 뿐이야!"

결승점이라고 생각하지 않고 통과지점이라고 생각하고 자기 페이스대로 달리는 아이. 이 아이는 다른 사람들이 원하는 삶을 살지 않는다. 내가 원하는 삶이 무엇인지 알고 그 길을 가고 있다. 내 아이가 이렇게 되길 원한다. 남들이 정해놓은 결승점을 향해 달리는 아이가 아니기를 바란다.

부모가 아이의 속마음을 읽어주면, 아이는 나다운 게 무엇인지 깨닫게 된다. 나다운 게 무엇인지 깨달은 아이는 온전한 내가 되어 행복한 삶을 살 것이다. 모든 엄마가 내 아이가 행복한 삶을 살기를 바란다.

내 아이에게 진짜 행복한 삶이 무엇인지 알려주는 진짜 방법이 있다. 바로 에니어그램을 통해 아이의 속마음을 알아주는 것이다. 아이는 자신의 마음 패턴을 알게 되고 자신을 힘들게 하는 상황을 의식적으로 피할 수 있게 된다. 자기 삶의 운전대를 아이가 쥐고 나다운 삶을 살게 된다.

주위에 보면 대학교를 다니다가 자신에게 학과가 맞지 않는다고 해서 다시 재수하는 경우가 있다. 그리고 부모가 원하는 대로 안정적인 직장을 다니다가 나중에서야 꿈을 찾아 다시 시작하는 경우들도 있다. 자신에 대해 좀 더 빨리 고민해보고, 오랫동안 고민했었더라면 시간 낭비는 필요 없었을 것이다.

그래도 이런 사람들은 용감한 사람들이다. 대부분 자신의 꿈과 다르다고 하더라도 안정적인 직장을 박차고 나오는 경우는 드물다. 왜냐면 정말 용기가 필요한, 쉽지 않은 일이기 때문이다. 내 아이의 기질을 빨리 알아보고 내 아이의 꿈을 지지하고 응원해주는 부모가 현명한 부모이다. 아이도 자신의 기질을 더 이해한다면 꿈이 없는 아이로 크진 않을 것이다.

외국 주재원으로 가 있는 엄마가 오랜만에 내 아들 소식을 듣더니 하는 말이 있었다.

"정말 한결 같아. 뭐가 되도 되겠어."

무슨 말이냐면 아들이 진짜 어릴 때부터 곤충을 키우는 것을 좋아했다. 그런데 아직도 곤충을 여러 종류 키운다는 걸 듣고는 한 말이다. 안 키워본 것 없이 원 없이 키워보는 것 같다. 사슴벌레, 장수풍뎅이, 매미, 잠자리, 반딧불이, 땅강아지, 길앞잡이, 밀웜, 거저리, 귀뚜라미, 사마귀 등등. 정말 곤충을 키워도 참 애지중지 키운다.

친구가 준 미꾸라지도 키우는데 이름을 부를 때면 목소리에서 꿀이 떨어진다. 살아있는 동물들을 좋아하는 것이다. 나는 아들의 에니어그램 특성상 정이 많다는 걸 알았다. 그래서 곤충을 키우는 것을 절대 말리지 않았다. 오히려 아들이 좋아하는 것이 정확해서 고마웠다.

그리고 그림 그리기를 좋아한다. 정말 아주 어릴 때부터 이것 때문에 나를 괴롭혔었다. 자세히 이야기하면 어떤 그림을 가지고 와서는 똑같이, 진짜 똑같이 그려달라는 것이다. 헐. 조금이라도 다르면 어찌나 짜증을 내고 예민해지시는지, 그림만 그려달라 그러면 내가 다 긴장이 됐다. 웃긴 건 그런 와중에 내 그림 실력이 늘었다는 것이다. 단, 똑같이 따라 그리는 선에서 살짝 늘었다는 이야기다.

내가 그림을 똑같이 그려주면 그렇게 행복해 할 수가 없었다. 자기도 그렇게 그리고 싶은데 아직은 실력이 안 된다고 생각하니까 옆에서 그리는 모습을 지켜본 것이다. 내가 아이에게 그림을 한 몇 백장 정도 그려주고 나니 어느 순간부터 본인이 그림을 더 잘 그리고 있었다. 얼마나 큰 해방감이 들었는지 모른다.

이제 아들은 나에게 절대 부탁하지 않는다. 예전에는 분명 엄마가 세상에서 그림을 제일 잘 그린다고 했는데 지금은 성에 차지도 않는 듯하다. 아들은 그림 그리기를 하며 자신의 특별함을 표현하고 있었다. 자기표현수단인 것이다. 4유형이라 자신의 내면을 표현하는 것을 갈망한다는 걸 알았다. 사람마다 방법만 다를 뿐이었다.

나는 아이가 무엇을 할 때 행복해하는지 안다. 그리고 왜 좋아하는지도 안다. 그래서 억지로 시키는 게 거의 없다. 학원을 안 보내는 이유도 아마 그런 이유일 것이다. 자신이 하고자 하는게 정확하기 때문에 억지로 되는 게 없었다. 되더라도 길게 못 갔다. 오히려 나와 있는 시간에 대화를 많이 하고 같이 책을 읽는 게 나았다. 혹시 이렇게 이야기한다고 내 아들이 책벌레라고 생각하면 오산이다. 보통의 남자아이들처럼 마냥 밖에서 뛰어 노는걸 최고로 아는 아이니까.

하지만 4유형은 보통 자신이 어디서 왔는지, 왜 사람은 고통을 받는지, 인생의 행복은 어디에 있는지 등에 대한 심오한 고민들을 많이 한다. 그 고민을 함께 풀 책들이나 이야기를 같이할 준비는 되어 있다. 내가 요즘 깨닫고 있고 파고 있는 것들이기 때문이다.

내 지인 중에 6유형 아이를 자녀로 둔 엄마가 있다. 그 엄마는 아이를 잘 파악하고 있었다. 회사 같은 안정적이고 소속감이 드는 곳에 가면 잘할 것 같다고 했다. 아이도 꿈이 그런 쪽이고 공부도 열심히 하고 있었다. 실제로 6유형 중 대부분은 안정감과 소속감이 드는 직장을 좋아한다.

3유형 아이를 자녀로 둔 엄마는 아이가 학원을 다니는 것을 힘들어해서 그만 다니라고 이야기했다고 한다. 하지만 아이는 친구들이 다니고 있는데, 혼자 학원을 끊는 게 불안하다고 했다. 그렇다고 공부를 열심히 하는 건 아니라고 한다. 아이가 공부를 불성실하게 해서 불안하지만, 왠지 커서는 자기 앞가림은 잘할 것 같은 느낌이 든다고 했다. 3유형 중에는 실제로 사회에 나갔을 때 빛을 발하는 사람들이 많다. 실전에 강하고 성취할 목표가 확실할 때 힘을 발휘하기 때문이다.

9유형 아이를 자녀로 둔 엄마는 아이가 행동이 느리고 먹는 거에 집착하는 것 같아 고민이 있었다. 하지만 아이 기질을 이해하고 아이와 대화를 많이 하며 노력했다. 그러자 요즘 먹는 것도 많이 조절하고 있다. 그리고 무엇보다 요리에 대한 꿈을 키우고 있다. 가족들을 위한 요리도 한다. 아이는 어떻게 하면 요리가 맛있어지는지를 알고 있었다. 본인이 좋아하는 것을 하면 이렇게 자신의 재능을 발휘하게 된다.

그리고 2유형 아이를 자녀로 둔 엄마가 있다. 아이는 사람들과 같이 있는 걸 좋아한다. 친구들과 노는 것을 좋아한다. 하지만 학원 다니는 것에 집중하다 보니 아이의 친구 관계에 문제가 생겼다. 2유형 아이들은 친구 관계가 굉장히 중요하다. 아이의 마음을 조금만 더 알아준다면 아이의 고민도 해결하고 공부도 잡을 수 있을 것 같은데 안타까웠다.

혹시 제품설명서를 읽어 보지 않고 사용하다가 고장낸 적이 있는가? 아니면 처음에는 멀쩡하게 잘 쓰고 있었는데 익숙해지다 보니까 나도 모르게 막 다루다가 망가뜨린 경험이 있는가? 앞의 경우 모두가 다 제품설명서를 주의 깊게 보지 않고 막 쓰다가 고장을 낸 경우다.

내 아이의 에니어그램을 모르고 내 맘대로 판단하고 말하게 되면 아이를 망치는 길이 된다. 내가 하는 말과 행동이 독이 되는 말과 행동일 수도 있기 때문이다. 물에 닿으면 안 되는 제품이었는데 내가 설명서를 보지 않고 물에 담가버리는 참극이 일어날 수도 있지 않은가. 그런 이유로 나는 내 소중한 아이의 속마음 설명서를 빨리 알고 싶었고 보고 싶었다. 아이의 속마음을 알면 타고난 기질대로 크게 키울 수 있다.

내 아이의 그릇을 단정짓지 말자. 내 아이는 결승선을 통과지점으로 생각하고 달려가고 있다. 그때 부모는 아이를 응원해주는 존재가 되어야 한다. 결승선을 정해놓고 억지로 끌고 간다면 내 아이는 크게 자랄 수 없다. 타고난 기질대로 크게 키우자. 그러면 아이는 시간이 지날수록 이 세상에 단 하나밖에 없는 명품이 될 것이다.

에니어그램에
내 아이 문제의 답이 있다

처음 내 아이의 에니어그램 유형을 알았을 때는 받아들이기가 힘들었다. 내 유형과 너무 반대되는 성격이라 그랬다. 무슨 말인가 하면 내 입장에서는 되고 싶지 않은 상태의 모습이 내 아들에게는 일반적인 모습이었던 것이다.

나는 7유형 중 일대일 유형(성적 유형)이다. 따라서 나는 세상을 낙관적으로 보는 것이 매우 중요한 성격이다. 항상 나는 '럭키맨! 나는 괜찮아'라고 생각한다. 그리고 사람들이 볼 때 엄청 행복한 성격으로 보인다.

그에 비해 내 아들은 4유형 중 사회적 유형이다. 나도 처음에는 내 아들이 3유형이라고 헷갈리기도 했었다. 처음 아들의 에니어그램을 생각할 때 모든 유형을 다 공부하고 나서 생각해봤다. 더 정확하게는 모든 유형을 들을 때마다 내 아들을 생각해봤다. 어떤 부분이 해당하고 해당하지 않는지 말이다.

9개 유형 중에 진짜 이건 아니겠구나 싶은 유형들이 몇 개 있었다. 따져보자면 1유형, 6유형, 8유형, 9유형은 정말 아니구나 싶었다. 그리고 2유형, 5유형, 7유형은 잘못 보면 조금 해당하는 면이 있는 것도 같지만 결국엔 아니라는 것을 수업을 들으면서 깨달았다.

그럼 3유형과 4유형만 남았다. 3유형을 살펴보며 생각한 것이 3유형이면 육아하기가 수월할 것 같았다. 4유형은 감정적이고 예민하다고 생각되어 힘들 것이라고 생각했던 것이다. 내가 생각한다고 아들의 유형이 바뀌는 것도 아닌데 말이다.

일단 내가 원하는 대로 내 아이가 3유형이라고 생각해보기로 했다. 읽다 보니 지기 싫어하고 나보다 현실적인 부분들도 많이 보여서 3유형이라는 생각이 들었다. 내 아들의 가장 두드러진 특징이 미술을 좋아한다는 것이었다. 그런데 3유형에도 그 내용이 있는 것을 보고 혼자 좋아서 이거구나 하고 생각했다.

지금 생각해보면 3유형이 4유형보다 낫다고 생각한 게 아니었다. 그보다 아들의 성격에서 부족한 부분이 3유형에 있었다. 그도 그럴 것이 내 아들의 진짜 유형은 4유형이었으니 부족한 부분이 3유형에 많이 있었을 수밖에 없었다.

그런데 3유형이라고 내 아들을 생각하면 할수록 어긋나는 내용이 너무 많이 보였다. 그때부터 쓸데없는 걱정을 했다. 에니어그램의 모든 유형은 좋고 나쁨이 없는데 말이다. 정말 그렇다. 단지 그 유형을 받아들이는 사람이 어떻게 받아들이냐에 따라 다른 것이다. 4유형의 전체적인 특징을 읽을 때는 '에이, 아닐 거야. 맞는 부분도 있지만 아닌 부분도 좀 있는데?'라고 생각했다.

그런 내 마음이 하위유형을 알게 되면서 확신으로 변해버렸다. 더 이상 물러날 곳이 없다는 말이 맞겠다. 4유형도 일대일 유형, 사회적 유형, 자기보존 유형이 있다. 그 중에 일대일 유형과 사회적 유형이 제일 헷갈렸다. 자기보존은 보자마자 아니구나 싶었다.

그런데 내 모습이 참 웃겼다. 하위유형을 보면서도 내가 원하는 하위유형을 고르고 있었다. 아이의 진짜 유형을 봐야 하는데 나도 모르게 원하는 대로 생각하려는 심리가 작용했다.

4유형의 사회적 유형은 가장 감정적으로 민감하고 우울감을 잘 느끼는 유형이었다. 일대일 유형은 다른 하위유형들보다 자신감이 있고 다른 사람들 앞에서 말도 잘하는 성격이었다. 이게 내 아들에게 바라는 모습이었다. 그리고 그 당시에 헷갈렸던 이유가 있었다. 아들이 어렸을 때 나한테 마음이 상했거나 화나면 나를 꼬집을 때가 있었다. 그게 일대일 유형이라 그런다고 생각했던 것이다.

4유형의 일대일 유형의 특징에 자신들이 고통스러울 때 다른 사람을 고통스럽게 만든다는 말이 있었기 때문이다. '요놈 맘 상하면 한번을 그냥 넘어가지 않더니 이거였구만!' 이렇게 생각했다. 이런 식으로 한 달 넘게 또는 그 이상의 시간 동안 일대일 유형이라고 생각하며 아이를 봤다.

그런데 어느 날 4유형의 하위유형을 다시 찾아보게 됐다. 사회적 유형에 자꾸 눈길이 가는 것이다. 그동안 아들을 많이 관찰해오고 에니어그램에 맞춰서 생각해본 내공이 쌓여서일까. 사회적 유형이 내 아들이

구나 생각이 들었다. 모든 퍼즐이 맞춰지는 느낌이었다. 그 사실을 인정하는 순간, 내 아들에 대한 연민의 감정이 올라왔다. 내가 지금까지 이런 마음을 제대로 몰라줬던 거구나.

애써 외면하고 있었던 것일까? 돌고 돌아 그래도 진짜 내 아이의 유형을 찾게 되어 너무 다행이었다. 이제 절대 흔들리지 않는다. 아이의 속마음을 내가 공부하고 또 공부해서 더 단단하고 빛나게 만들어주리라고 다짐했다.

내가 아이의 에니어그램을 찾은 과정을 자세히 적는 이유도 다른 부모님들도 이런 심리적 과정을 겪을 가능성이 크기 때문이다. 이런 시행착오의 과정에서 에니어그램 공부는 덤으로 되었다.

그럼 이쯤에서 왜 내 아들이 4유형의 일대일 유형 모습이 있었는지 궁금할 것이다. 그 이유를 잠깐 설명해주겠다. 모든 사람은 에니어그램 유형이 있다. 그리고 그 밑에 하위유형이 3가지가 있다. 하위유형 중에 가장 강하게 나타나는 하위유형을 1차 하위유형이라고 한다. 그다음으로 강하게 나타나는 하위유형은 2차 하위유형이라고 한다.

내 아들을 예로 들면 에니어그램 유형은 4유형이다. 1차 하위유형은 사회적 유형이다. 2차 하위유형은 일대일 유형이다. 아까 화나면 나를 꼬집었다고 했던 말이 혹시 기억나는가? 만약 내 아들이 1차 하위유형이 일대일 유형이었으면 더 겉으로 표현하고 더 세게 공격이 들어왔을 것이다. 하지만 1차 하위유형이 사회적 유형이고 2차가 일대일 유형이라서, 일대일 유형의 영향력이 작았다. 그래서 좀 소심하게 공격하는 것이다. 뭐랄까? 뭔가 아파서 보면 아들이 붙어 있는 느낌. 극적인 공격이 아니라 소심한 복수의 느낌이다.

하지만 걱정하지 말아라. 아이들의 경우 1차 하위유형만 알아도 정말 많이 안 것이다. 점점 클수록 2차 하위유형도 분명하게 보일 것이다. 제일 중요한 것은 에니어그램 유형을 아는 것이다. 그리고 두 번째로 중요한 것은 1차 하위유형을 아는 것이다.

나는 1차 하위유형은 꼭 시간이 걸리더라도 아이를 위해 파악해놓으면 아이에게 정말 큰 도움이 될 거라고 확신한다. 사실 에니어그램 9유형이라 하면 MBTI 16가지 유형보다 적은 숫자가 아닌가? 하위유형까지 생각해서 생각하면 이미 27유형이다. 그리고 2차 하위유형까지 나중에 파악하다 보면 54유형인 것이다. 여기다 날개유형까지 생각하면 2배가 되어서 경우의 수가 108개가 나온다. 또한 나와 같은 유형인 사람이 있더라도 MBTI가 다를 수 있다. 모든 MBTI가 다 나타날 수 있기 때문에 사람 한 명, 한 명은 정말 특별한 존재인 것이다.

내 아이를 이해하는 중심에는 에니어그램이 있어야 한다. 에니어그램을 알아야 내 아이 문제의 본질에 다가설 수 있다. 그리고 아이와 대화할 때 대화를 이끌어나갈 동력을 얻을 수 있다.

아이가 자신에 대해 이야기하기 싫어하는 경우가 있다. 그럴 때 에니어그램을 가지고 이야기하면 말을 안 하던 아이도 좀 더 편하게 대화할 수 있다. 일반적인 에니어그램 유형에 빗대어 이야기할 수 있어 덜 쑥스럽고 덜 민망한 것이다. 이렇게 대화의 물꼬를 트기 시작하면 그다음은 저절로 대화가 쌓인다. 내 아이가 자신을 이해하는 깊이도 점점 깊어질 것이다.

이 세상 사람 모두가 나다운 삶을 살 때, 나에 대해 스스럼 없이 말할 수 있을 때, 우리 아이들이 살 사회는 진정 건강한 사회로 거듭나리라.

에니어그램은 아이에게 줄 수 있는
가장 큰 선물이다

우리가 지금까지 자녀에게 준 선물들을 떠올려보자. 어떤 선물이 아이에게 가장 값졌다고 생각하는가? 나는 1초의 망설임 없이 대답할 수 있다. 가장 값진 선물은 에니어그램이라고. 내가 아이를 낳고 제일 잘한 것이 바로 에니어그램을 배운 것이라고 자신 있게 말할 수 있다.

내가 글을 쓰고 있을 때였다. 아들에게 에니어그램에 대한 책을 쓰고 있다고 하였다. 아들이 신기해하면서 말했다.

"와, 책도 써?"

"왜? 신기해? 엄마가 책 쓰니까 신기해?"

"나는 막 TV 나오고 유명한 사람들이 책 쓰는 줄 알았어."

"그랬구나. 엄마는 에니어그램을 통해서 도움받은 것들을 알려주고 싶었어. 그리고 너도 에니어그램으로 도움을 많이 받았잖아. 다른 친구들도 도움받으면 좋잖아. 다른 친구들도 더 밝고 행복하게 자랄 수 있다고 말해주고 싶었어."

　내가 바빠지자 아들이 알아서 자기가 할 수 있는 일들을 하고 있었다. 나를 배려하는 아들이 너무 고마웠다. 그날 밤 아들한테 질문 하나를 던졌다.

　"엄마가 에니어그램을 알려주고 너랑 대화 많이 했잖아. 그런 것들이 진짜 도움이 된 것 같아?"

　"어. 내가 친구 말에 상처를 잘 받잖아. 내가 원래 그렇다는 것을 알게 됐어. 그러니까 내가 왜 그런 마음이 드는지 좀 더 이해가 됐어. 그리고 마음이 편해졌어."

　"와! 멋져! 엄마 너무 기쁘다."

　"그리고 또 친구들 성격을 이해하게 됐어. 난 친구들이 일부러 그런다고 오해한 적도 있었는데 에니어그램 말해줘서 이해가 됐어."

　"진짜? 대박 감동이다."

　나는 진짜 감동해서 아들을 바라보고 있는데 아들은 더 할 말이 있나 보다.

　"그리고 엄마가 이렇게 해보라고 알려준 것들 해보니까 조금씩 나아졌어. 지금은 크게 상처 안 받고 친구들한테 내 의견 이야기하는 것도 잘할 수 있어."

　내가 요즘 진지해져서 자신도 진지해져야 된다고 생각을 했나? 엄청나게 자세하게 자신의 이야기를 들려주는 아들이 대견했다. 이날 아들의 이야기를 듣고는 에니어그램을 배우길 정말 잘했다고 생각했다.

내가 에니어그램 수업을 처음 들었을 때는 나를 알아가는 과정이었다. 내 유형을 찾는 수업이었다. 수업을 듣다 보니 나 자신에 대해 어렴풋이 '내가 이런 사람이었나?'라고 생각하고 있던 부분들이 선명해졌다.

내가 에니어그램의 도움을 많이 받고 나니 동시에 내 아들의 에니어그램을 확실하게 알아 보고 싶었다. 그리고 남편 에니어그램까지. 사실 수업을 들으면서 나는 내 아들, 내 남편, 부모님, 시부모님, 친구들, 지금까지 알던 사람들, 모두를 생각하며 수업을 들었다고 해도 과언이 아니다.

나는 에니어그램 수업을 들으면서 아이가 무슨 유형일까 계속 생각하고 또 생각했다. 몇 년 전 에니어그램에 폭 빠져 사는 나를 보고 궁금한지 아들이 먼저 뭐하냐고 물어봤다. 이미 나는 아들의 유형을 파악하고 있었다. "아들에게 너는 몇 유형이야!"라고 이야기하면 뭔가 의미가 없어 보였다.

스스로 알아낸 것처럼 느끼게 해주고 싶었다. 그래서 아들에게 직접 각 유형을 읽어주면서 어떤 모습이 너인 것 같냐고 물어봤다. 다행히 처음에는 몇 개 유형 중에 헷갈려하더니 아들도 4유형이 자기 모습 같다고 이야기했다.

바로 자신의 유형을 몰라도 얻는 게 있다. 사람의 성격이 이렇게 나눠진다는 것에 아이들은 신선한 충격을 받을 것이다. 사춘기가 되면 아이들이 자기 자신에 대해 더 깊게 생각한다. 친구들에 대해서도 관심이 많아지고 사랑하는 사람도 생긴다. 아이의 인간관계에 정말 많은 도움이 될 것이다.

에니어그램을 알고 나면 뭔가 뿌옇게 안 보이던 창문이 깨끗하게 닦여 집안과 바깥세상이 밝아진 느낌이 들 것이다.

아이들은 순수해서 자신의 속마음이 겉으로 드러난다. 그래서 부모가 아이들을 생각하며 에니어그램 유형을 생각해도 충분히 짐작할 수 있다. 물론 에니어그램 유형 중에 이 유형일까, 저 유형일까, 헷갈리는 유형들이 존재한다. 읽다 보면 정말 이건 아니구나, 하는 유형들도 보인다. 그러다 보면 몇 가지로 간추려질 것이다. 그 간추려진 유형들의 체크리스트만 해보면 아이도 힘들어하지 않을 것이다. 체크리스트를 해보고 한두 가지로 간추려졌다면 그 안에서 생각해보자.

사실 진짜 선물을 받은 것은 아들이 아니라 나라는 생각이 든다. 아들이 아니었다면 내가 과연 에니어그램을 지금처럼 할 수 있었을까? 내아들이 있었기 때문에 지금의 내가 있다. 젊었을 때부터 사람을 이해하는 모든 도구에 관심이 많았는데 그것이 에니어그램으로 종결되는 느낌이다.

에니어그램으로 사람 관계가 편해졌다. 그 사람이 어떤 마음일지, 어떤 고민이 있을지, 어떤 것을 좋아할지, 사람들에 대한 공감할 수 있는 눈이 커져서 행복하다. 이건 다 아들이 나에게 준 선물이다. 에니어그램은 선물을 주려고 했던 사람에게도 동시에 선물을 한다.

우리 각자는 모두 타고난 성격에 의해 어떤 상황에 처하면 저절로 올라오는 생각과 마음이 있다. 태어날 때 프로그래밍된 대로 내가 느끼는 것이다. 그건 진짜 내가 아니다. 마음에 끌려다니는 노예의 삶인 것이다. 무의식적으로 올라오는 내 마음에 의해 그냥 느껴지고 말하고 행동하는 삶은 내 인생의 내가 빠진 삶이다.

우리의 인생을 자동차를 타고 운전하고 있는 것이라고 생각해보자. 마음에 의해 끌려다니는 삶은 운전대를 놓은 상태에서 차가 가는 것이나 마찬가지이다. 운전대를 놓은 상태로 차가 움직이면 어떻게 되겠는가? 차는 방향을 잡지 못하고 이리저리 다니다가 길가를 벗어나거나 논두렁에 빠지기도 하고 사고가 날 수도 있다. 운전대를 놓고 있는 나는 진짜 내가 아닌 가짜 나다. 사람마다 에니어그램 유형의 상처가 있는데 그것의 실체를 모른 상태로 그냥 느껴지는 대로 느끼고 괴로워하는 삶으로 살고 있는 것이다.

이때 에니어그램이라는 내비게이션을 설치해보자. 내비게이션이 이야기해준다. "길을 잘못 들었습니다. 우회전하십시오." 아이코! 그 말을 듣는 순간 운전자는 자신이 길을 잘못 들었다는 것을 깨닫는다. 그리고 저절로 운전대를 잡는다! 핸들을 움직이기 시작한다. 내비게이션은 운전대를 놓고 있던 운전자가 저절로 운전대를 잡고 운전을 할 수 있도록 도와준다. 네 인생의 주인공은 너니까 운전대를 놓지 말고 가라고, 네 인생의 주인은 너라고 일깨워준다.

내 인생에 에니어그램이라는 내비게이션을 설치하면 내 인생의 운전대를 잡고 의식적으로 인생을 살게 된다. 운전대를 잡고 운전하는 내가 진짜 나고 주인이 된 삶을 사는 것이다. 에니어그램을 많이 알고 깨달았을수록 고급 내비게이션을 장착한 삶을 산다. 에니어그램을 알고 깨어 있으면 내 의식이 내 마음을 관찰한다. 내 의식에 들킨 마음은 힘을 쓰지 못한다. 나에게 고통을 주지 못한다는 것이다. 내 안의 관찰자를 깨우자. 그게 진짜 나다.

우리 아이들도 인생이라는 차를 몰고 있다. 내 사랑하는 아이에게 에니어그램이라는 내비게이션을 선물하자. 동시에 내비게이션 작동방법을 잘 알려주자. 에니어그램은 다른 사람을 판단하고 지적하기 위한 것이 아니라고. 나와 다른 사람을 이해하고 공감하고 나의 성장을 위한 것이라고 말이다.

내 아이가 행복하기 위해서는 타고난 성격의 패턴으로 생기는 상처들을 의식적으로 딛고 일어나야 한다. 즉 내 아이가 인생의 운전대를 잡도록 도와줘야 한다. 의식적으로 내 인생을 산다는 것은 인생의 운전대를 잡았다는 것! 이때 에니어그램은 내비게이션! '가짜 나'가 일으키던 내 상처들을 힘으로 바꾸고 '진짜 나'로 사는 기쁨을 안겨주자.

한번 설치된 에니어그램은 평생 업그레이드를 하면서 내 아이에게 최고의 인생 내비게이션이 되어 줄 것이다. 에니어그램은 아이가 길을 잘못 들 때마다 지치지 않고 도와줄 것이며 행복의 길로 안내할 것이다.

모두 에니어그램이라는 내비게이션을 달고 행복을 향해 멋진 인생길을 달릴 준비가 되었는가? 당신 아이의 인생에 설치된 내비게이션은 정말 커다란 인생보험이요, 행복보험이 되어줄 것이다. 이제 출발이다!

에니어그램
간단 테스트

사람들은 자신의 에니어그램 유형을 어떻게 찾아야 하나 궁금해한다. 제일 많이 시도하는 것이 설문 검사를 활용해서 에니어그램을 찾는 것이다. 하지만 전문가들은 대부분 설문지에만 의존하지 말라고 한다. 이유는 에니어그램 설문 검사를 하고 결과를 보면 9개의 유형이 골고루 점수가 높아서 당황하는 경우가 있고 가장 높게 나온 유형이라도 본인의 유형이 아닐 수 있기 때문이다.

실제로 어떤 사람들은 자신의 유형이 확실한 상태에서 검사해도 다른 경우가 나오기도 한다. 따라서 전적으로 신뢰하기보다 자신이 그 유형이 맞는지 확인하는 과정이 꼭 필요하다는 것이다. 만약 설문 검사로 자신의 유형이 나오면 그 유형이 맞는지 자신을 탐색하는 과정을 꼭 거쳐야 한다.

내가 추천하는 방법은 이렇다. 가장 간단하면서 무료인 테스트로 리소-허드슨 테스트가 있다. 이 테스트를 하고 자신의 유형으로 한가지가 나왔다면 그 유형을 책에서 찾아보며 자신을 탐색한다. 확실하게 한 가지만 나왔다면 그 유형을 살펴보고 2, 3가지 조합이 나왔다면 그 좁혀진 유형으로 탐색하는 것이다. 좁혀진 유형의 하위유형을 보다 보면 자신의 유형을 쉽게 찾을 수 있다. 에니어그램은 나를 알아가는 과정이기 때문에 전문가라고 하더라도 섣불리 유형을 단정 짓는 것은 위험하다. 미국의 에니어그램 연구소에서도 유형을 단정 짓는 상담은 엄격히 금지하고 있다고 한다.

나의 고착을 들여다보고 유형을 찾아야 하기 때문에 시간을 두고 자신의 유형을 찾는 것이 제일 정확하다. 이를 위해서는 에니어그램 책과 에니어그램 전문가의 도움을 받으면 더 수월하게 할 수 있다. 혼자서도 할 수 있는 에니어그램 간단 테스트를 소개할 테니 자신의 유형을 찾는 데 도움이 되길 바란다. 내 유형을 찾은 사람들은 내 본질을 찾아가는 여행을 시작할 수 있을 것이다.

에니어그램 간단 테스트(리소-허드슨 테스트)

1. 먼저 아래 글을 보고 그룹1과 그룹2에서 자신을 설명하는 것을 하나씩 고른다. 그 둘의 조합이 내 에니어그램 유형이다.
2. 이때 제일 나와 가까운 내용을 고르는 것이 중요하다. 글의 전체적인 느낌을 보고 고른다.
   즉, 모든 내용에 동의하지 않아도 80~90% 동의하는 것을 한 그룹에서 하나씩 고른다.

3. 두 그룹의 조합을 만들다 보면 몇 가지 유형이 나올 수도 있다. 자신을 관찰하면서 본유형과 하위유형을 살펴보다 보면 자신의 유형을 찾게 될 것이다.

	그룹1
A	나는 독립적인 편이고 자기주장을 잘한다. 나는 상황에 정면으로 맞설 때 삶이 잘 풀린다고 느낀다. 나는 목표를 설정하고 그 일을 추진해나간다. 그리고 그것이 성취되기를 원한다. 나는 가만히 앉아 있는 것을 좋아하지 않는다. 나는 큰일을 성취하고 영향력을 행사하기를 원한다. 나는 정면 대결을 원하지는 않지만 사람들이 나를 통제하는 것도 좋아하지 않는다. 대개 나는 내가 원하는 것을 잘 알고 있다. 나는 일도 노는 것도 열심히 한다.
B	나는 조용하게 혼자 있는 것을 좋아한다. 나는 사회적인 활동에 주의를 쏟지 않으며 대체로 내 의견을 강하게 주장하지 않는다. 나는 앞에 나서거나 다른 사람과 경쟁하는 것을 별로 좋아하지 않는다. 사람들은 나를 몽상가라고 말한다. 내 상상의 세계 안에서는 많은 흥미로운 일들이 벌어진다.나는 적극적이고 활동적이라기보다는 조용한 성격이다.
C	나는 아주 책임감이 강하고 헌신적이다. 나는 내 의무를 다하지 못할 때 아주 기분이 나쁘다. 나는 사람들이 필요할 때 그들을 위해 내가 그 자리에 있다는 것을 알아주었으면 좋겠다. 나는 그들을 위해 최선을 다할 것이다. 때때로 나는 사람들이 나를 알아주든, 알아주지 않든 그들을 위해 큰 희생을 한다. 나는 자신을 제대로 돌보지 않는다. 나는 해야 할 일을 한 다음에 시간이 나면 휴식을 취하거나 내가 원하는 일을 한다.

	그룹2
X	나는 대개 긍정적인 자세로 생활하며, 모든 일이 나에게 유리한 쪽으로 풀린다고 느낀다. 나는 나의 열정을 쏟을 수 있는 여러 가지 방법들을 찾는다. 나는 사람들과 함께하고 사람들이 행복해지도록 돕는 것을 좋아한다. 나는 나와 마찬가지로 다른 사람들도 잘 지내기를 바란다(항상 기분이 좋은 것은 아니다. 그러나 나는 다른 사람에게 그렇게 보이기를 원한다). 나는 다른 사람들에게 항상 긍정적으로 보이고자 노력하기 때문에 때로는 자신의 문제를 다루는 것을 미루기도 한다.
Y	나는 많은 상황에 대해 강한 감정을 갖는다. 사람들은 대부분 내가 모든 것에 대해 불만을 갖고 있다고 생각한다. 나는 사람들 앞에서 내 감정을 억제하지만 남들이 생각하는 것보다 더 민감하다. 나는 사람들과 함께 있을 때 그들이 어떤 사람인지, 무엇을 기대할 수 있는지를 알기 원한다. 어떤 일에 내가 화가 났을 때 나는 사람들이 그것에 대해 반응하고 나만큼 그 일을 해결하려고 노력해주기를 원한다. 나는 규칙을 알고 있다. 하지만 사람들이 내게 무엇을 하라고 지시하는 것을 좋아하지 않는다. 나는 스스로 결정하기를 원한다.
Z	나는 스스로를 잘 통제하고 논리적이다. 나는 느낌을 다루는 것을 편안해하지 않는다. 나는 효율적이고 완벽하게 일을 처리하며 혼자 일하는 것을 좋아한다. 문제나 개인적인 갈등이 있을 때 나는 그 상황에 감정이 끼어들지 않도록 한다. 어떤 사람들은 내가 너무 차고 초연하다고 말하지만 나는 감정 때문에 중요한 일을 그르치고 싶지 않다. 나는 사람들이 나를 화나게 할 때 대부분 반응을 보이지 않는다.

결과					
AX	7유형	BX	9유형	CX	2유형
AY	8유형	BY	4유형	CY	6유형
AZ	3유형	BZ	5유형	CZ	1유형

에니어그램
부가 설명

● 에니어그램은 그리스어로 에니어(Ennea, 9)와 그라모스(Grammos, 도형)가 합쳐진 말이다. 에니어그램이란 9가지의 성격유형 시스템이며 서로 연결되어 있다. 사람은 9가지 성격유형을 골고루 가지고 있지만 더 지배적인 유형이 자신의 에니어그램 유형이 되는 것이다. 다른 유형으로 바뀌는 일은 없다. 그리고 사람들은 자신의 유형 양쪽에 있는 유형(날개)과 선으로 연결된 유형들의 영향을 받는다.

| 에니어그램의 상징 |

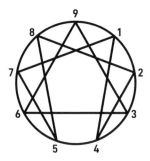

● 에니어그램 유형은 에너지의 중심이 어디 있느냐에 따라 가슴형, 머리형, 장형으로 나뉜다.

다음 표를 볼 때 주의할 점이 있다. 먼저 자신이 가슴형일 것이라고 생각하면 2, 3, 4유형 안에서만 찾아보는 오류를 범할 수 있다. 나 같은 경우를 예를 들면, 나는 7유형이라 머리형에 속하지만 MBTI는 ESFP다. 따라서 F(감정형)가 들어간다. 그래서 내가 나를 생각할 때 딱 드는 이미지는 감정과 관계를 중요하게 생각한다는 것이었다. 따라서 처음에는 스스로 가슴형이라고 생각했다. 그래서 가슴형에서만 찾았고 그중에 2유형인 줄 착각했다.

이렇듯이 유형을 찾을 때 처음부터 이 분류만 보고 찾으면 완전히 다른 길로 갈 수 있으니 그것을 주의하면서 봐야 한다. 하지만 이 분류를 알아 놓으면 두, 세 가지 유형 중에 헷갈릴 경우에는 유형을 구분할 때 큰 도움을 받을 수 있다. 나는 이 분류도 참고하고 사람의 지배적인 표정을 가지고 하위유형을 판별하기도 한다. 이렇듯 에니어그램의 세계에 빠지면 사람을 이해하는 폭이 점점 늘어나므로 삶이 더 풍요로워질 수밖에 없다.

	가슴형(감성파)	머리형(이성파)	장형(행동파)
해당 유형	2, 3, 4유형	5, 6, 7유형	1, 8, 9유형
에너지 중심	가슴	머리	배
핵심 감정	수치심	불안감	분노
특징	• 감정, 관계를 중시한다. • 사람들이 자신을 어떻게 보는지 중요하게 생각해서 이미지에 관심을 둔다.	• 지식, 정보를 중시한다. • 안정에 대한 욕구가 커서 불안감과 두려움을 잘 느낀다.	• 힘, 행동을 중시한다. • 베짱이 있어 보이고 자신의 생각, 영역이 지배당하는 것을 못 참는다.
유형별 특징	2유형 – 그냥 가슴형 3유형 – 머리형 같은 가슴형 4유형 – 장형 같은 가슴형	5유형 – 그냥 머리형 6유형 – 가슴형 같은 머리형 7유형 – 장형 같은 머리형	8유형 – 그냥 장형 9유형 – 가슴형 같은 장형 1유형 – 머리형 같은 장형

● 에니어그램에서 날개유형이란 무엇인가?

자신의 유형 양쪽에 있는 유형을 날개유형이라고 부른다. 7번 유형을 예로 들면 6번과 8번이 날개유형이 된다. 자신의 기본유형만 나타나는 사람도 있고 날개유형이 두드러지는 사람도 있다. 즉 7번 유형의 모습만 나타나는 사람도 있지만 6번 유형이 모습이 나타날 수도 있고 8번 유형의 모습이 나타날 수도 있는 것이다. 사람마다 날개유형을 얼마나 이용하느냐는 모두 다르기 때문에 단정 짓기는 어렵다. 하지만 자신의 유형 양쪽에 있는 날개유형을 잘 알아두는 것은 현명한 일이다. 자신이 어떤 날개유형의 영향을 더 받는지 평소에 관찰하다 보면 자신에 대한 통찰을 더 많이 할 수 있다.

● 에니어그램 유형의 하위유형별로 중요하게 생각하는 것들은 다음 과 같다.

- 자기보존 유형 – 자신의 삶이 편안하고 안전한 것을 중요하게 생각 한다.
- 사회적 유형 – 내가 속한 사회, 공동체를 중요하게 생각한다.
- 일대일 유형 – 나와 관계를 맺고 있는 일대일 관계를 중요하게 생 각한다.

에니어그램은 몇 천년의 역사에 뿌리를 두고 있으며 고대 지혜의 가 르침이 녹아있다. 에니어그램은 성격유형을 나누는 단순한 성격이해도 구가 아니다. 나와 다른 사람을 진심으로 이해하며 사랑할 수 있게 해주 고 나를 성장시킨다. 그리고 내 안의 상처를 걷어낸 진짜 나를 발견하게 해주는 자기성장의 동반자다. 에니어그램은 오늘날 사람들에게 꼭 필 요한 것이다.

에니어그램으로 말해요
우리 아이 속마음

제1판 1쇄 2022년 5월 5일

지은이 신유진
펴낸이 오형규
펴낸곳 한국경제신문*i*
기획·제작 ㈜두드림미디어
책임편집 이향선
디자인 김진나(nah1052@naver.com)

주소 서울특별시 중구 청파로 463
기획출판팀 02-333-3577
E-mail dodreamedia@naver.com(원고 투고 및 출판 관련 문의)
등록 제 2-315(1967. 5. 15)

ISBN 978-89-475-4810-6 (13590)